日本常備菜教主

# 無敵美味的省時冷凍常備菜169道

松本有美

出版菊

# CONTENTS

P4 INTRODUCTION

P6 YU媽媽冷凍常備菜的時間表

P8 冷凍保存也無敵美味的訣竅

P10 依照用途的冷凍方法

P11 冷凍常備菜的解凍方法

P12 有關冷凍常備菜常見的Q&A

CHAPTER 1
搭配肉類或者做成配菜都很棒！
P13 自製冷凍綜合蔬菜

P14 自製冷凍綜合蔬菜BEST8

P16 自製冷凍綜合蔬菜的活用菜色
・湯品4種
番茄湯／牛奶湯
清湯／中式湯品

P17 ・蛋卷 ・炒飯

P18 自製味噌湯冷凍綜合湯料

P19 方便的常備即食味噌球

P20 調味冷凍常備食材的製作訣竅

CHAPTER 2
簡單調理節省時間！
P21 完成調味的冷凍常備食材與料理活用

P22【雞肉】
照燒醬雞肉
糖醋照燒雞肉佐塔塔醬
滑蛋親子丼
根莖類蔬菜多多炒雞

P24 優格香料醬雞肉
雞肉馬鈴薯溫和湯咖哩
烤盤烤優格香料雞
咖哩櫛瓜烤雞

P26 高湯醬雞肉
雞肉手抓飯
義式起司雞排
炸雞

P28 柚子胡椒醬雞肉
柚子胡椒雞天婦羅佐
蔥花蘿蔔柑橘醋醬佐乾炒柚子胡椒雞
柚子胡椒炸雞

P30 烤肉醬雞肉
烤肉串
烤雞佐馬鈴薯熱沙拉
新鮮番茄佐鬆軟蛋卷

P32 韓式辣椒醬雞肉
韓式馬鈴薯炒雞
韓式雞肉豆腐辣湯
甜辣薯條雞

P34 大蒜檸檬醬兩節翅
烤大蒜檸檬雞翅
越式雞翅煮黃豆芽湯

P36 大蒜醬油風味雞翅腿
雞翅腿與蔥油中華麵
酥炸雞翅腿
芝麻醬雞翅腿與地瓜

P38【COLUMN】
使用冷凍常備食材製作的晚餐

・糖醋麻婆肉丸子定食
糖醋麻婆肉丸子
韭菜馬鈴薯雞湯
牛奶果凍

・薑汁醬油風味豬肉飯cafe定食
薑汁醬油風味豬肉
味噌球即食味噌湯
芝麻花生醬菠菜

・糖醋照燒雞肉佐塔塔醬cafe餐
糖醋照燒雞肉佐塔塔醬
焦糖洋蔥玉米湯
綜合蔬菜沙拉

P40【豬肉】
薑汁醬油風味豬肉片
薑汁醬油風味豬佐蜂蜜蘋果
酥炸起司肉丸子
厚切油豆腐佐香蔥生薑燒肉

P42 鹽蔥醬豬肉片
鹽蔥迷你韓式煎餅
鹽蔥豬肉辣味烏龍麵
青江菜炒鹽蔥豬肉

P44 番茄醬豬肉
豆子燉肉
燴肉片佐鐵板拿波里肉醬麵
濃郁番茄醬豬肉

P46 優格味噌醬豬肉
YU媽媽家的濃郁美味豬肉味噌湯（豚汁）
優格味噌醬七味燒
小烤箱做成的油豆腐皮味噌披薩

P48 洋蔥泥蜂蜜醬油醬豬肉
骰子豬排
柔軟滷肉佐滷蛋
洋蔥醬燒豬肉

P50【牛肉】
燒肉醬牛肉
南瓜炒牛肉
海苔燒肉卷
蔬菜多多韓式拌飯

P52 中華風味醬牛肉
青椒肉絲
生菜包牛肉
中華風味醬牛肉佐蘿蔔

P54【COLUMN】
使用冷凍常備庫存製作便當

・薑汁醬油照燒青鮒魚&YU媽媽家的煎蛋卷便當
薑汁醬油照燒青鮒魚
YU媽媽家的煎蛋卷
鹽昆布與毛豆仁飯
鹿尾菜五目雜煮
蓮藕紫蘇鹽漬

・薯泥照燒漢堡&番茄炒飯便當
薯泥照燒漢堡
番茄炒飯
咖哩南瓜沙拉

・優格味噌醬豬肉生菜三明治便當盒
優格味噌醬豬肉生菜三明治
烤爐筍油漬大蒜橄欖油。
炒蛋

P56【絞肉】
**漢堡餡**
薯泥照燒漢堡
炸絞肉排slider
奶油煮高麗菜卷

P58 **咖哩肉餡**
咖哩肉醬春卷
咖哩肉醬麵包
焗烤起司咖哩肉醬飯

P60 **麻婆肉餡**
麻婆豆腐
糖醋麻婆肉丸子
微辣麻婆馬鈴薯燉肉

P62 **味噌雞肉餡**
3色雞鬆飯
味噌雞鬆白蘿蔔生春卷
佐花生蘸醬
雞鬆芡佐煮里芋

P64 **餃子餡**
酥脆煎餃
肉丸子冬粉蛋花湯
餃子風味炒米粉

P66【海鮮】
**生薑醬油漬青魽魚**
薑汁醬油照燒青魽魚
超入味青魽魚煮白蘿蔔
炸青魽魚排

P68 **橄欖油鹽漬鮭魚**
炸鮭魚排漬南蠻美奶滋
紙包鮮菇鮭魚
小烤箱烤起司麵包粉鮭魚

P70 **番茄汁漬鮮蝦**
義式甜椒蝦仁
番茄鮮蝦奶油湯

P72【COLUMN】
**YU媽媽家冷凍簡單做甜點**
杏仁冰盒餅乾（icebox cookie）
起司條蛋糕

P73 以鬆餅預拌粉
製作香蕉巧克力馬芬

**CHAPTER 3**
**當作便當菜也很棒！**
P75 **可以冷凍保存的配菜們**

P76 **中華風微辣乾蘿蔔絲**
醋漬紅白蘿蔔
鹽蔥大蒜拌秋葵
雜煮鹿尾菜

P78 **菠菜拌花生芝麻醬**
紫蘇鹽漬蓮藕
大蒜橄欖油漬烤蘆筍
沙拉風味白蘿蔔拌蟹肉棒

P80 **咖哩培根炒四季豆**
柚子胡椒拌高麗菜蓮藕
油漬櫛瓜與甜椒
柴魚拌青江菜

P82 **蜂蜜檸檬煮地瓜蘋果**
南瓜咖哩沙拉
起司炒玉米粒與綠花椰
胡蘿蔔炒山苦瓜

P84【COLUMN】
**可以冷凍保存的主菜們**
吾家炸雞
多汁炸肉餅

P85 **燉煮漢堡排**
蔥多多雞肉丸子

P86 **糖醋芝麻豬肉丸子**
蠔味微波燒賣

**CHAPTER 4**
**一次做好隨時都可使用**
P87 **蔬菜・醬汁的冷凍庫存**

P88【蔬菜】
**薯泥**
馬鈴薯沙拉
起司可樂餅
馬鈴薯麻糬

P90 **南瓜泥**
南瓜培根奶油筆管麵

P91 **山藥泥**
鬆軟烤山藥泥
大蔥秋葵佐納豆拌山藥泥

P92 **焦糖洋蔥**
焗烤洋蔥湯

P93【醬料】
**白醬**
焗烤鮮蝦通心粉

P94 **肉醬**
厚片吐司披薩

P95 **明太子奶油**
明太子奶油義大利麵
鱈寶烤明太子奶油

**書耳**
日式拌菠菜
芥末拌小松菜
涼拌醋味蟹肉棒與小黃瓜
南瓜煮黃豆
奶油濃湯


---

＊ **本書注意事項**

- 計量單位1大匙為15ml、1小匙為5ml
- 調味量的份量標記為「少許」時，份量為以拇指與食指捏起的量。
- 微波爐加熱時間以功率600W為基準(一部份例外)，當機器功率為500W時請酌量增加1.2倍的時間。700W時約為0.8倍的時間。
- 烤箱功率為1000W機種(一部份例外)無調溫的小烤箱。
- 使用微波爐與烤箱時，請依照說明書使用耐熱玻璃等容器加熱。
- 洋蔥、胡蘿蔔等蔬菜，基本上需要去皮再調理，以及青椒、茄子、菇類基本需要去籽去蒂、切除底部的手續等，請依照需求事前處理，本書中不再另做說明。雞蛋若未額外說明則使用M尺寸。
- 冷凍保存時請使用可以密封的冷凍保存專用袋，密封之後再進行冷凍保存。
- 保存時請使用乾淨的容器，以乾淨的筷子與手進行。
- 冷凍與冷藏的保存時間為參考值。

譯註　※『西式高湯粉』為西式的綜合高湯粉(包含肉與蔬菜風味)。
※日式柴魚風味醬油めんつゆ（2倍濃縮）可用醬油加上柴魚風味烹大師調出來。

---

"如果有冷凍庫存，將會節省許多時間手續——
不是為了省時、省錢，而是因為愛。
今天也大量的做好冷凍常備菜吧！"

製作這本書的契機來自於某日參加電視節目拍攝。當時略略的拍到了我們家的「冷凍常備菜」。

自從長男出生之後，將近13年的時間，對我來說已經是理所當然的製作著冷凍常備菜。

但從那天起，我的部落格中，有許多來自各方「請再多教我們一些」的聲音，在感到驚訝的同時，心裡也有了「如果對大家有幫助的話，那我就來分享」的想法。

所謂的冷凍保存常備菜即為「趁特價時一次購足、一次調理」、「有效保存」、「讓每日的廚事更輕鬆」等，具有許多優點。

此外，「心情上可以更有餘裕」、「突然有訪客時也可以很從容」…等好處，也讓人很開心。

有許多類似這樣的留言，在部落格中迴響。

「準備好冷凍常備菜送給一個人生活的兒子，就算兒子不在身邊也可以為他做點什麼」「擔心老公一個人派駐在外的飲食，如果有這個，先生也可以跟我們吃一樣的食物了」。

## 冷凍室

冷凍室的上層比較淺，所以用製冰盒將高湯或者剩下的一點點比較雜亂的材料，分成小份之後放入較大的保存容器中統一保存。下層放比較重的或者以密封袋包妥，以便於辨識的立式收納併排整齊。最前方的放入保冷劑，讓空間沒有間隙。

## 冷藏室

為了讓冷凍的保存常備菜有地方解凍，以及避免冷藏效率下降，盡可能小心不要讓空間產生空隙。比較少用到的材料放在上層，容易反覆使用的材料置於便於拿取的下層。

## 廚房

在瓦斯爐旁放置調味料、粉類等統一收納。為了看起來清爽，統一用容器收納。收納架的尺寸與設計是與先生一起DIY完成的。跟我們家的風格也很搭配，是我非常滿意的空間。

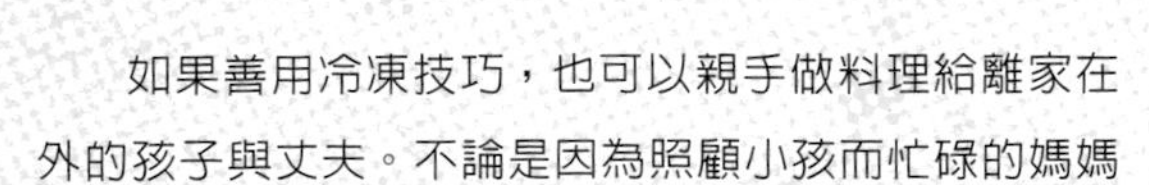


如果善用冷凍技巧，也可以親手做料理給離家在外的孩子與丈夫。不論是因為照顧小孩而忙碌的媽媽們、或是想照顧離家在外的家人與朋友們。這是一本盡可能簡化了製作手續，反覆斟酌寫成的食譜，希望對大家的生活有幫助。

要不要試著
以冷凍常備菜開始
便利的生活呢？

YU媽媽
松本有美

## 爐台

一次會做很多料理，所以堅持要五口爐，結果牙一咬選了進口的爐具。火力強大這點令人很滿意，每次做完菜都會認真清潔，很愛惜的使用著。

# YU媽媽冷凍常備菜的時間表

每週一次，大量作起來保存。在此介紹製作流程。
先把順序想好，動手時出乎意料的輕鬆。

START!

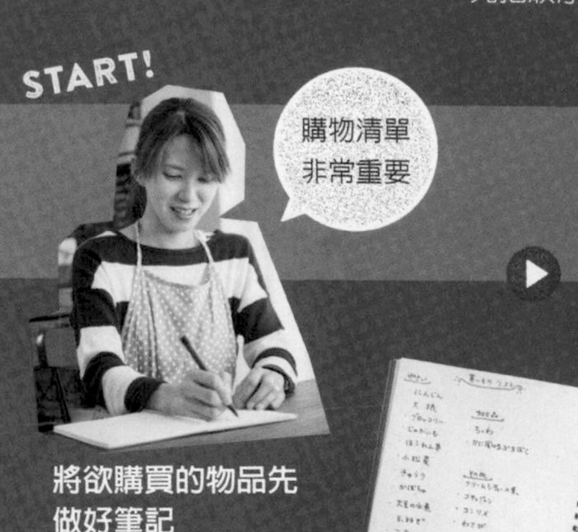


**將欲購買的物品先做好筆記**

肉類有雞、豬、牛。魚類有白肉魚與青皮類的魚，蔬菜避免購買顏色重疊的。剩下的到了店裡再看，如果有什麼特價品再改變設定。

**準備常備料理所需食材**

將買回來的材料一字排開，決定要做的料理。生鮮類的材料立即放入冷藏室中，以計畫好的筆記為思考基準。

欲做菜色清單

切法

**【欲做菜色清單】**
**【食材切法清單】整理**

因為一次要做很多種，所以先將菜色清單化。相同的食材也有不同的切法，各自的切法也在這個階段做成清單就會很有效率！

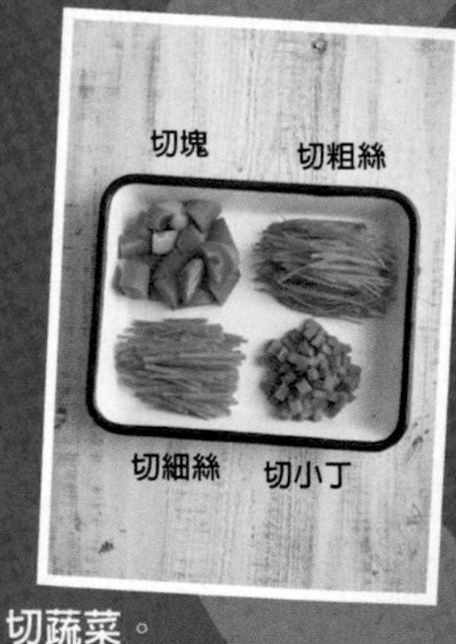


**切蔬菜。**
**蔬菜的切法，**
**依照料理而有所改變**

使用胡蘿蔔的料理有5種，所以配合菜色切成塊、切粗絲、切細絲、切成小丁。其他的蔬菜也比照辦理。

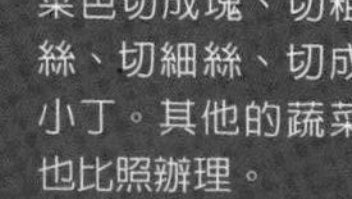

揉鹽

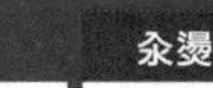

汆燙

**蔬菜的事前處理**

一次將蔬菜「揉鹽」或「汆燙」的事前處理準備好。蔬菜以同一鍋滾水，從澀渣少的開始汆燙會比較有效率。

### 切分肉類或魚類

配合菜色切分肉類或魚類。分成便於使用的大份量與小份量。

### 肉類或魚類的事前處理

分成「不調味小包裝的食材」與「調味過浸泡在調味料中」。並在分小包冷凍的食材外寫上重量。

### 調味、加熱調理

冷凍常備菜需要放涼才能冷凍，所以依序在一開始先做加熱時間長的料理，接著做炒菜類，最後才做涼拌等不需要加熱的菜色。

一道接著一道完成讓人感到非常爽快！

## 今天完成的冷凍常備菜庫存

FINISH!

**所需時間2小時30分，完成16種！**

半調理與完全調理的煮物或炒物，將加熱與冷卻的時間考慮進去進行調理，是製作時的重點。僅需調味後冷凍的食材，調味完成後放入冷凍庫就算完成，所以很適合新手挑戰。我也烤了麵包，將麵包冷凍保存。

（照片上方・由左開始）
**分裝冷凍雞柳條**【以保鮮膜包妥】
**分裝冷凍豬肉塊**【以保鮮膜包妥】
**鹽水汆燙綠花椰菜**【保存容器】
**胡桃＆洋蔥麵包**【以保鮮膜包妥置於保存袋中】

（照片中間・從左開始）
**烤肉醬醃漬牛肉**（P50）【密封袋】
**涼拌燙菠菜**（封面折頁處）【保存容器】
**小松菜拌芥末**（封面折頁處）【保存容器】
**紅白涼拌蘿蔔**（P76）【保存容器】
**醋味小黃瓜涼拌蟹肉棒**（封面折頁處）【保存容器】
**南瓜煮大豆**（封面折頁處）【保存容器】
**奶油濃湯**（封面折頁處）【保存容器】

（照片下方・由左開始）
**高湯醬醃雞肉**（P26）【密封袋】
**絞肉餡**（P64）【密封袋】
**日式炸豬排**（裹好麵衣）【密封袋】
**韓式辣味噌醬醃雞肉**（P32）【密封袋】
**自製綜合蔬菜**（P14～15）【密封袋】

※冷凍保存期間為4週左右

分裝完成！

# 冷凍保存也美味的訣竅

在此整理了開始進行冷凍保存前，所需要知道的注意事項

## 食材購入後<br>趁新鮮處理起來冷凍

在食材的味道與品質都還美味時保存起來是訣竅。購入之後隨即調理好。食材會做成數種料理，所以一起處理比較不會浪費。

## 使用乾淨的保存袋與<br>保存容器

保存袋與保存容器中如果有細菌，將會造成食材敗壞，也是引起食物中毒的原因。所以保存袋不要重複使用。保存容器也要充分洗淨，以乾淨的布巾將水分完全擦乾。我偏好使用琺瑯或不鏽鋼的保存容器。

## 食材放入<br>保存袋與容器之前<br>務必確實冷卻。

為了避免細菌繁殖，食物務必冷卻之後再確實密封冷凍保存。如果還有餘溫將會在冷凍時結霜，造成湯湯水水影響風味。不過如果是白飯在溫溫的時候直接放入保存容器中，蓋上蓋子是OK的！冷卻後再以冷凍保存。

## 擦乾多餘水分
## 再保存

如果食材在仍殘留水份的情況下進行冷凍，不但食材的口感會因為水份結晶而破壞，也容易滋生細菌，請以廚房紙巾吸乾多餘水分後再冷凍。

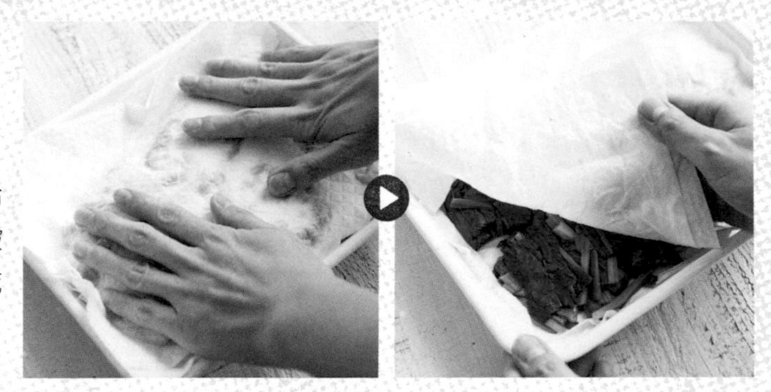

## 以保存袋保存時，
## 使用吸管將空氣排空

在過多空氣的狀態下直接冷凍，是造成氧化的原因。將吸管插入保存袋中密封，從吸管吸出多餘的空氣。如果是袋中裝有生肉或生魚，怕會吸入細菌，所以以手確實壓出多餘空氣。僅有蔬菜與乾貨等食材時以吸管吸出多餘空氣。

## 貼上布膠帶
## 寫下內容與保存日期

食材趁新鮮使用，為了防止忘記，在包裝貼上寫有日期與菜名的布膠帶。就算是濕了也不會糊掉，推薦以油性筆書寫。

**有關保存日期**

本書中所介紹的冷凍常備菜，在每個單元CHAPTER頁面處均有記載保存期間。保存期間為參考值，依照冷凍室的條件環境、保存容器的狀態等各有差異。長期保存風味會下降，至多不要超過1個月，給大家參考。

# 依照用途的冷凍方法

在此介紹提升使用便利性的冷凍方法。

## 【小包冷凍】

### 以保鮮膜包妥後置於保存容器中

肉類或魚類，以1人份為單位分別包妥，在製作便當等料理時將會非常方便。以較大的容器統一保存置於冷凍室內，不需要零星四散，也比較好找。

### 以製冰盒冷凍保存後置於保存容器內

在味道濃郁的湯汁中放入切好的蔥花後倒入製冰盒中冷凍。冷凍後放入保存容器中。在做1人份的火鍋或鹹粥等料理時非常便利。

### 做好的料理放入小杯子中以保存容器收納

煮好的配菜，放入小杯子裡。連同杯子取出自然解凍，也可以直接放入便當中。

## 【分散冷凍】

### 將食材剝開分散之後以寬口塑膠容器保存

P14～的自製冷凍蔬菜等，剝開之後放入寬口容器中保存十分方便。使用百元店購入的塑膠容器。

**將材料放入保存袋中攤平冷凍**

**半量材料冷凍之後以手剝開放入塑膠容器中保存。**

**散狀使用時只需倒出來非常方便**

# 冷凍常備菜的解凍方法

急用時、時間充足時，配合使用時間的解凍方法。一旦解凍後的食材請勿再冷凍。

## 常溫解凍

放在常溫下解凍的方法。保存袋或保存容器會結霜，所以請放在墊有布巾的拖盤上解凍。氣溫與濕度高的季節請小心。

## 以微波爐解凍

將食材從保存袋中移放至耐熱容器中，蓋上保鮮膜，以解凍模式或最低功率解凍，依照份量將時間調整至足夠平均解凍。

## 冷藏解凍

最不容易讓食材因解凍而脫水的解凍法。晚餐使用的食材在早上放入冷藏室中解凍。

## 流水解凍

具有均等解凍、脫水率低等優點。解凍時間短，如果是切成薄片的肉片，解凍時間約為10分鐘左右。

## 直火解凍

在本書中，介紹不少絞肉與雞翅不經解凍手續，直接下鍋烹煮也沒問題的食譜。遇到這些食譜時，以小火慢慢加熱烹煮。

# 有關冷凍常備菜常見的 Q&A

部落格中最常出現的問題，在此解答。

**Q 冷凍會使營養價值下降嗎？**

**A** 營養價值就算是經過冷凍也不太會改變，只有水溶性維他命C會有一定程度的耗損。

大部分的營養素在經過冷凍之後並不會改變，不過維他命C則不在此列。本來就比較容易流失，就算是冷藏保存也會隨時間消減。所以肉類或魚類以冷凍保存，不論是營養或是鮮度都比較長久。

**Q 馬鈴薯可以冷凍保存嗎？**

**A** 如果做成薯泥的話就可以冷凍保存。如果是要加在咖哩中，請另外把馬鈴薯燙熟。

冷凍之後的馬鈴薯澱粉會變質，影響口感。正確的方法是做成薯泥。如果加入咖哩中冷凍，為了不讓澱粉融入咖哩中，請另外燙熟馬鈴薯冷卻之後再加入。

**Q 麵包的冷凍方法與美味回烤的方法？**

**A** 以保鮮膜單片個別包妥冷凍。享用時置於常溫中回溫後再加熱

如果是1片吐司的話，置於室溫中5分鐘即可解凍。如果是厚片吐司，可以在冷凍的狀態下直接以烤麵包機烤至雙面上色，即可享用美味的吐司。

**Q 剩下的水果有什麼推薦的冷凍方法？**

**A** 推薦切成小塊，混合數種綜合冷凍。

將綜合水果冷凍，可以做成果泥，添加在優格中，或用於其他地方非常方便。香蕉可以淋上檸檬汁防止變色後，再以冷凍保存。

**Q 想做成離乳食品冷凍，請問 YU 媽媽該怎麼做？**

**A** 做成湯或者泥狀的蔬菜可使用製冰盒。如果是水煮蔬菜，可以用藥盒等分成小份後再冷凍。

蔬菜以外，例如以熱水汆燙之後用廚房紙巾擦乾的魩仔魚等，這樣保存非常方便。

搭配肉類
或者做成配菜都很棒！

# 自製冷凍綜合蔬菜

在家自己做綜合冷凍蔬菜，從替長男製作離乳食品開始。
就算沒有時間，也會以安心安全的食材，盡可能多做幾種。
這樣的蔬菜不僅提供小寶寶食用，大人也很適合。
在此介紹不浪費食材、達到節約，時間上也很快速的各種綜合蔬菜。

參考保存時間……4週

MIX VEGETABLE

# 自製冷凍綜合蔬菜 BEST8

在家裡自己做冷凍蔬菜。材料備齊後混合均勻，放入密封袋中，抽掉空氣平放冷凍。
需要燙過的蔬菜，請燙至稍微保留硬度的程度，確實擦乾水氣。

## 綜合蔬菜①

加入濃湯或咖哩中，營養也很均衡

**南瓜　玉米**
**花椰菜　熱狗**

**【材料與作法】密封保存袋(中)1袋份**

南瓜⅛個切成1cm丁狀，綠花椰菜½株分成小朵，1朵切成2～3等分。南瓜汆燙1分30秒，花椰菜汆燙50秒，燙好之後以廚房紙巾確實擦乾。玉米粒(罐頭)40g瀝乾湯汁後以廚房紙巾確實擦乾。熱狗2根切成5mm厚圓片。

## 綜合蔬菜②

中華料理或湯品，搭配性超群

**韭菜　白蘿蔔　蟹肉棒**

**【材料與作法】密封保存袋(中)1袋份**

韭菜½束切成4cm小段。白蘿蔔⅛條切成1cm丁狀。蟹肉棒80g剝散。

## 綜合蔬菜③

色彩鮮豔，萬用的組合

**高麗菜　甜椒(紅)　培根**

**【材料與作法】密封保存袋(中)1袋份**

高麗菜2片切成3cm正方，汆燙20秒左右，以廚房紙巾確實擦乾水氣。甜椒½個切成2cm小塊，厚切培根(半片)4片，切成2cm寬。

## 綜合蔬菜④

炒菜類勾芡羹湯的配料都很適合

**洋蔥　毛豆　蒜苔**

**【材料與作法】密封保存袋(中)1袋份**

洋蔥¼個切成粗末。冷凍毛豆(帶殼)200g半解凍後將毛豆仁至殼中取出。蒜苔4根切成1cm小段後汆燙15秒，以廚房紙巾確實擦乾水分。

## 綜合蔬菜⑤

將小朋友喜歡的蔬菜
加上胡蘿蔔

**馬鈴薯　南瓜**
**胡蘿蔔**

**【材料與作法】密封保存袋(中)1袋份**

馬鈴薯1個、南瓜⅛個、胡蘿蔔½條切成1cm丁狀。馬鈴薯與胡蘿蔔汆燙1分鐘，南瓜汆燙1分30秒，以廚房紙巾確實擦乾水分。

## 綜合蔬菜⑥

不喜歡吃豌豆仁的
小朋友們看這邊～

**胡蘿蔔　綠蘆筍**
**綠花椰菜的芯　玉米**

**【材料與作法】密封保存袋(中)1袋份**

胡蘿蔔½條切成1cm小丁、綠蘆筍2根切成7mm寬小丁、花椰菜的芯1朵的½份量，削去外側硬皮後切成1cm小丁。胡蘿蔔汆燙1分鐘、綠蘆筍與花椰菜芯汆燙20秒，以廚房紙巾確實擦乾水分。玉米粒(罐頭)40g瀝乾湯汁後，以廚房紙巾確實擦乾。

## 綜合蔬菜⑦

搭配義大利麵或白肉魚
都很推薦

**綠花椰菜　甜椒(黃)　櫛瓜**

**【材料與作法】密封保存袋(中)1袋份**

綠花椰菜½株分成小朵，1朵切成2～3等分，汆燙50秒。燙好之後以廚房紙巾確實擦乾。甜椒½個切成1cm丁狀。櫛瓜½條切成5mm寬的¼圓片。

## 綜合蔬菜⑧

製作漢堡醬或搭配義大利麵都很適合

**鴻禧菇　洋菇　洋蔥**

**【材料與作法】密封保存袋(中)1袋份**

鴻禧菇½包、洋菇3個切除蒂頭後稍微清洗，以廚房紙巾確實擦乾。鴻禧菇剝成小朵，洋菇切成3mm厚片，洋蔥½個切絲。

## 自製冷凍綜合蔬菜的活用菜色

非常方便！可以依照喜好自行搭配，解除蔬菜攝取不足的困擾！

### 湯品4種

將自製蔬菜與調味料放入杯中，
以微波加熱就可以完成具豐富蔬菜的湯品！

### 番茄湯

**材料**（1人份）

A
- 綜合蔬菜④（參照P14）……30g
- 番茄汁（含鹽）……150ml
- 西式高湯粉、胡椒……各少許

巴西利（切末、依照喜好添加）……適量

**作法**

將材料A置於耐熱容器中，蓋上保鮮膜以微波爐（600W）加熱2分20秒，撒上巴西利。

**POINT**
除此之外，P14～15中的①、③、⑤、⑥、⑦、⑧綜合蔬菜也很推薦使用！

### 牛奶湯

**材料**（1人份）

A
- 綜合蔬菜①（參照P14）……30g
- 牛奶……150ml
- 西式高湯粉、胡椒……各少許

巴西利（切末、依照喜好添加）……適量

**作法**

將材料A置於耐熱容器中，蓋上保鮮膜以微波爐（600W）加熱2分20秒，撒上巴西利。

**POINT**
除此之外，P15中的⑤、⑥、⑧綜合蔬菜也很推薦使用！

### 清湯

**材料**（1人份）

綜合蔬菜⑤（參照P15）……30g
西式高湯粉……1小匙
胡椒、鹽……各少許
水……150ml

**作法**

將材料A置於耐熱容器中，蓋上保鮮膜以微波爐（600W）加熱2分20秒。

**POINT**
除此之外，P14～15中的①、②、③、④、⑥、⑦、⑧綜合蔬菜也很推薦使用！

### 中式湯品

**材料**（1人份）

綜合蔬菜②（參照P14）……30g
雞高湯粉……1小匙
胡麻油……少許
水……150ml

**作法**

將材料A置於耐熱容器中，蓋上保鮮膜以微波爐（600W）加熱2分20秒。

**POINT**
除此之外，P14～15中的①、④、⑤、⑥、⑦、⑧綜合蔬菜也很推薦使用！

**POINT**
除此之外，P14～15中的①、③、⑤、⑥、⑦綜合蔬菜也很推薦使用，若使用中華風的綜合蔬菜②，淋上甜醋醬做成螃蟹蛋卷風也很美味。

## 蛋卷

搭配雞蛋便可做成各式各樣的蛋卷。在晚餐或帶便當菜色稍嫌不足時，非常方便。

—

**材料**（1人份）

綜合蔬菜⑧（參照P15）……100g
雞蛋……2個
雞高湯粉……½小匙
胡麻油……1大匙
沙拉油……2大匙
中濃豬排醬、美生菜（片）……各適量

—

**作法**

1　將雞蛋、雞高湯粉混合均勻。
2　將胡麻油放入平底鍋中，以中火加熱，放入冷凍的綜合蔬菜炒至溫熱後加入步驟**1**中。
3　使用同一個平底鍋放入沙拉油以大火加熱，倒入步驟**2**以調理筷稍微攪拌至半熟狀態後離火，將鍋中材料撥向鍋邊整形成蛋卷狀後裝盤，淋上中濃豬排醬佐以美生菜。

## 炒飯

只需加入白飯拌炒，假日的午餐調理時間大幅縮短，只要有綜合蔬菜，炒飯的變化就更豐富了。

—

**材料**（1人份）

綜合蔬菜③（參照P15）……100g
蛋液……1個份
沙拉油……3大匙
白飯……1又½碗
**A**　雞高湯粉、醬油……各1小匙
　　鹽、胡椒……各少許
生菜葉……1片

—

**作法**

1　將1大匙沙拉油置於平底鍋中加熱，放入冷凍的綜合蔬菜炒至溫熱程度後取出。
2　以廚房紙巾將步驟**1**所使用的鍋子擦拭乾淨後，倒入剩下的沙拉油以大火加熱，倒入蛋液炒至半熟狀放入白飯拌炒，將步驟**1**倒回鍋中加入材料**A**拌炒均勻。以鋪上生菜的器皿裝盛。

**POINT**
除此之外，P14～15中的①、④、⑤、⑥、⑦綜合蔬菜也很推薦使用，若使用西式的綜合蔬菜，可以使用西式高湯粉取代雞高湯粉，做成抓飯風味。

# 自製味噌湯冷凍綜合湯料

將味噌湯的湯料切好之後冷凍保存。
將材料備齊後組合，放入密封袋中擠出空氣保存。
忙碌的時候也可以有湯料豐富的味噌湯喝

## 味噌湯綜合湯料①

我們家最受歡迎的組合

**竹輪　韭菜　馬鈴薯**

**【材料與作法】密封保存袋(中)1袋份**

竹輪2條切成5mm小圈，韭菜½把切成3cm寬。馬鈴薯1個切成2cm大小，汆燙1分30秒，以廚房紙巾擦乾表面水分。

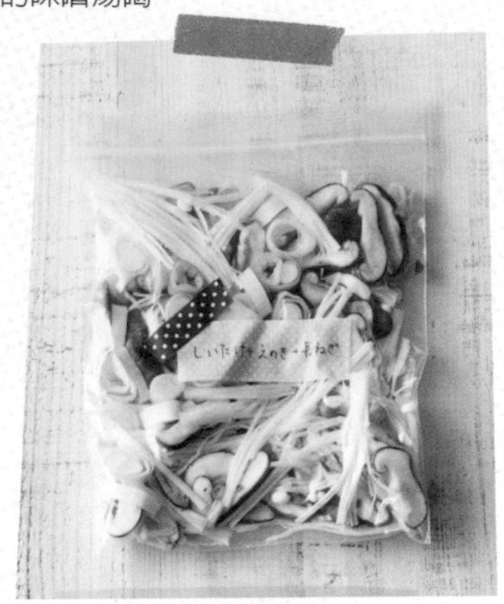

## 味噌湯綜合湯料③

菇類冷凍後
鮮味大幅提昇

**香菇　金針菇　大蔥**

**【材料與作法】密封保存袋(中)1袋份**

香菇2朵去除蒂頭，金針菇½包切除底部，兩種都稍微洗淨後用廚房紙巾擦乾表面水分。香菇切成5mm厚度薄片，金針菇長度切成3段。大蔥⅓根斜切成5mm薄片。

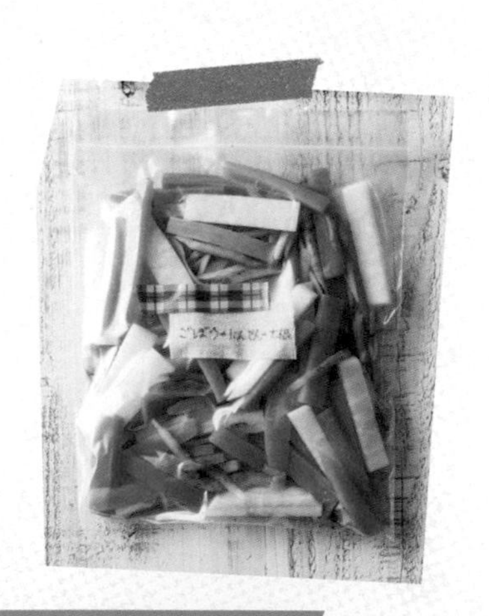

## 味噌湯綜合湯料②

有了這份湯料，不論是製作豬肉味噌湯(豚汁)，或者蔬菜味噌湯都很輕鬆！

**胡蘿蔔　白蘿蔔　牛蒡**

**【材料與作法】密封保存袋(中)1袋份**

胡蘿蔔½條，白蘿蔔⅛條切成5cm條狀，比較細的牛蒡1條削成長條片狀。將每種材料都各汆燙1分鐘後，以廚房紙巾擦乾表面水分。

## 味噌湯綜合湯料④

這份材料加上海帶芽，更可以攝取礦物質

**油豆皮　鴻禧菇　竹輪**

**【材料與作法】密封保存袋(中)1袋份**

油豆皮1片汆燙30秒，以廚房紙巾擦乾表面水分後，切成1cm正方。鴻禧菇切除底部稍微洗淨，以廚房紙巾擦乾表面水分，剝成小朵。竹輪2條切成5mm小圈。

# 方便的常備即食味噌球

其實這就是我們家自製的即食味噌湯包。帶便當或者一個人午餐時刻都很方便。

## 冷凍味噌球

自製的即食味噌湯有著令人開心的柴魚香氣。只需加入熱水沖泡就可以馬上完成。乾燥的海帶芽稍微清洗去表面雜質後擰乾水分使用。

—

**材料**（1個）

味噌球（含高湯）……………………………2小匙
柴魚片、海帶芽、珠蔥（切末）………………各少許

—

**作法**

將保鮮膜攤開為8cm見方，放入所有材料並包起呈布包狀，收口處以布膠帶束緊。
【冷凍庫、約可保存4週】

## 冷凍味噌球加上冷凍味噌湯料組合就是即食味噌湯

如果希望將味增湯增量，可再加入其他食材，
加上白飯就是很簡單的一餐，此時請以微波爐加熱。

**將味噌湯料與味噌湯球放入容器中**

將喜歡的味噌湯料（參照P18）30～50g與冷凍的味噌球放入耐熱容器中。（味噌不會凍成硬塊，如果不好拿取請使用湯匙等輔助！）

**倒入水再以微波加熱**

將150ml的水加入容器中，鬆鬆的蓋上保鮮膜，以微波爐（600W）加熱2分20秒左右後攪拌均勻。

完成！

# 調味冷凍常備食材的製作訣竅

P22～65完成調味冷凍常備食材中，請依照肉品的種類活用下述的方式來保存。
使用時只需拿取所需份量即可，非常方便！
P88～95蔬菜與醬汁的冷凍常備食材，請參考下述的方式2來保存。

## 將調味料與食材放入保存袋中確實按摩

為了要確實避免雜菌滋生，將食材與調味料放入保存袋中，隔著保存袋混合所有材料(但製作絞肉的食譜則不在此限)。請在這個步驟中確實揉捏使食材入味，請小心避免產生調味不均的狀況發生。

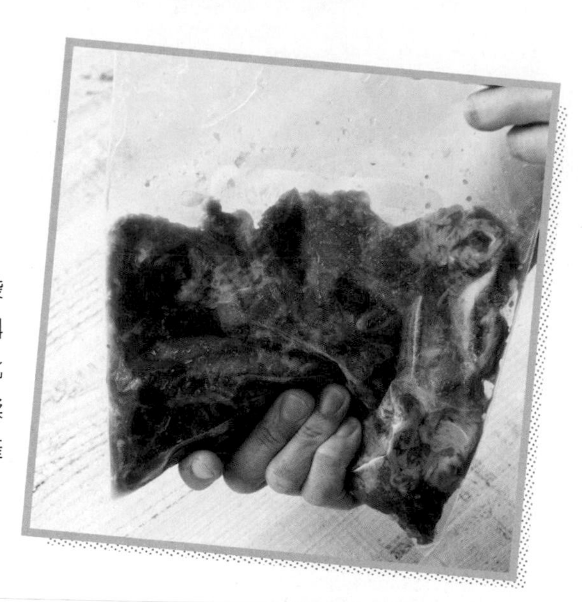

## 為了方便日後拿取所需份量，冷凍前的小加工

將食材連同保存袋壓平後冷凍，是為了要盡快使食材結凍，以及日後便於拿取所需份量。請避免袋中材料重疊厚度過厚。為使冷凍食材便於分取，事先壓出溝痕。

**雞肉(切成一口大小)**

冷凍至一半左右，以筷子壓出溝痕，沿著溝痕折斷即可取出一半的份量。

**雞肉(大塊的)**

放入袋中的雞肉塊不要重疊，保留一點間隔會比較好分取。

**雞翅中・雞翅尖**

放入袋中的雞肉塊不要重疊，保留一點間隔冷凍，從間隔處取出。

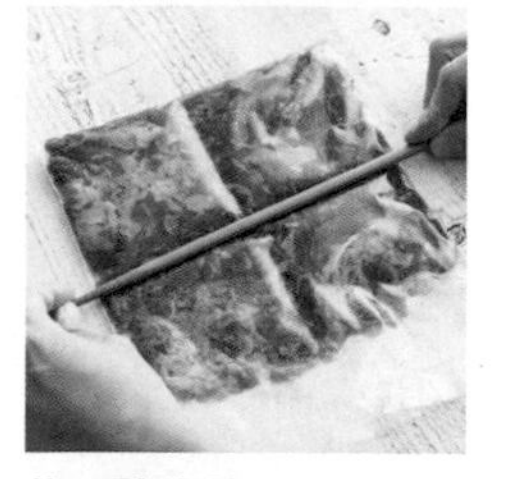

**牛・豬肉片**

冷凍至一半左右，以筷子壓出溝痕，沿著溝痕折斷即可取出所需份量。

**絞肉**

冷凍至一半左右，以筷子壓出一個個小肉丸子大小的溝痕。

# CHAPTER 2

## 簡單調理節省時間！

# 完成調味的冷凍常備食材與料理活用

我們家習慣將肉品與魚類一次買齊，
買回家之後立即調味冷凍保存。
不僅烹調時輕鬆，
肉、魚質地也會變得柔軟，美味提升！
在此介紹，我長年經驗與失敗累積之下所推薦的菜色！
以冷凍為前提，冷藏保存也會很美味的各式料理。

冷凍保存參考期間……**4**週
冷藏保存參考時間……**3**日(海鮮類除外)

STOCK OKAZU

冷凍4週間 冷藏3日間

## 照燒醬雞肉

又甜又鹹的照燒醬汁最下飯了
這是固定的常態調味。登場機率超群。

**材料**（密封保存袋(中)1袋份）

雞腿肉……2片
A 砂糖、味醂、醬油……各3大匙
A 沙拉油……1小匙

**作法**

1 雞肉切成一口大小。
2 將材料**A**與雞肉放入密封保存袋中。隔著袋子將袋中材料充分揉捏均勻，擠出袋中空氣後，攤平冷凍保存。

ARRANGE_1

## 糖醋照燒雞肉佐塔塔醬

這是在我們家非常受歡迎的菜色。
一道不需油炸就能簡單做成的南蠻雞，
省去製作麵衣的複雜手續。

—

**材料**（2人份）

照燒醬雞肉……½份量
醋……1大匙
水煮蛋……2個
甜醋漬蕗蕎……8個
美乃滋……6大匙
巴西利(切末)……適量
番茄、巴西利……各適量

—

**作法**

1 將照燒醬雞肉解凍。將解凍後的肉塊與醬汁分開，醬汁部分加入醋混合均勻。
2 水煮蛋、蕗蕎切成粗末，加入美乃滋混合。
3 將雞肉排放在平底鍋中，肉塊不要重疊，以小火兩面各煎5分鐘左右，加入醬汁加熱至濃稠出現光澤。
4 將步驟**3**盛盤淋上步驟**2**再撒上巴西利。以切成月牙狀的番茄與巴西利裝飾。

ARRANGE_2

## 滑蛋親子丼

事先調味過冷凍保存的雞肉確實入味。
只需注意火力即可煮出鬆軟的滑蛋。

—

**材料**（2人份）

照燒醬雞肉……¼份量
洋蔥……¼個
A 水……200ml
A 和風高湯粉……½小匙
蛋液……4個份
熱白飯……2碗
冷凍毛豆（解凍後至豆莢中取出）……4個
海苔絲……適量

—

**作法**

1 將照燒醬雞肉解凍。解凍後的肉塊與醬汁分開。
2 洋蔥切絲。
3 以較淺的小鍋子煮材料**A**，放入醬汁以中火加熱，煮滾後轉小火放入洋蔥絲與雞肉塊煮5分鐘左右。均勻倒入半量蛋液以大火煮1分鐘左右後，倒入剩下的蛋液，蓋上鍋蓋以小火加熱約2分鐘。
4 將白飯盛入碗中，各放入半量的步驟**3**，撒上毛豆與海苔絲。

ARRANGE_3

## 根莖類蔬菜多多炒雞

看起來好像是很難拿捏入味程度的料理，
不過這道菜只需要與高湯一同烹調即可，非常簡單。
就算冷掉了也很美味，做成便當菜也適合。

—

**材料**（2人份）

照燒醬雞肉……½份量
胡麻油……1大匙
香菇……4朵
里芋……2個
胡蘿蔔……⅓條
蓮藕……¼條
A 和風高湯粉……½小匙
A 水……400ml
豌豆莢（有的話）……2個

—

**作法**

1 將照燒醬雞肉解凍。將解凍後的肉塊與醬汁分開。
2 香菇去除蒂頭，蕈傘處以十字切花。里芋、胡蘿蔔切成一口大小，蓮藕切成1cm厚¼圓片。
3 將胡麻油倒入鍋中，以中火加熱，放入雞肉拌炒。炒至肉表面變色後加入步驟**2**炒至蔬菜表面均勻沾上油脂，加入材料**A**、醃漬雞肉醬汁，蓋上落蓋煮30分鐘左右後盛盤，如果有的話以剝開的豌豆莢裝飾。

## 優格香料醬雞肉

加了優格之後肉質更滑嫩，風味溫潤，
是孩子們也能接受的微辣口味。

**材料**（密封保存袋（中）1袋份）

雞腿肉……2片

A
- 原味優格（含糖）……4大匙
- 番茄醬……2大匙
- 醬油、咖哩粉、西式高湯粉、沙拉油各2小匙
- 蒜泥（市售軟管狀）……1小匙

**作法**

1 雞肉切成一口大小。

2 將材料A與雞肉放入密封保存袋中。隔著袋子將袋中材料充分揉捏均勻，擠出袋中空氣後，攤平冷凍保存。

ARRANGE_1

## 雞肉馬鈴薯溫和湯咖哩

雞肉的鮮加上醃漬醬汁中優格的酸，
組合成溫潤的風味！
咖哩粉經過烹調，辣味也會變得溫和。

—

**材料**（2人份）

優格香料醬雞肉……½量
馬鈴薯……2個
洋蔥……½個
胡蘿蔔……½條
綠花椰菜……¼個
小番茄……4個
水……500ml
奶油……5g

—

**作法**

1 馬鈴薯去皮切成一口大小，洋蔥切成細末，胡蘿蔔切成滾刀塊，綠花椰菜切成小朵，小番茄對半切。

2 將冷凍的優格香料醬雞肉、馬鈴薯、洋蔥、胡蘿蔔、水，放入鍋中以大火加熱，湯汁滾後轉小火，燉煮25分鐘左右。加入綠花椰菜、小番茄繼續烹煮2分鐘，起鍋前加入奶油。

ARRANGE_2

## 烤盤烤優格香料雞

在雞肉與雞肉之間塞滿蔬菜，以烤盤烤熟！香氣四溢的雞肉與吸滿汁液的蔬菜非常美味。

—

**材料**（2人份）

優格香料醬雞肉……½量
櫛瓜……1條
甜椒(紅)……½個
蓮藕……⅓條
A 橄欖油……1大匙
A 鹽、胡椒……各適量

—

**作法**

1 解凍優格香料醬雞肉。
2 櫛瓜切成1cm圓片，甜椒切成一口大小。蓮藕切成1cm厚半圓片。
3 將步驟**2**與材料**A**均勻混合。
4 將烤箱(1000W)烤盤鋪上鋁箔紙，將雞肉與步驟**3**不要疊放的放入烤盤中，烤25分鐘。

ARRANGE_3

## 咖哩櫛瓜烤雞

雞肉因為事先調味過的功勞，讓食材僅是加上奶油拌炒，就有了豐富的味覺層次。
也請嘗試加入自己喜歡的蔬菜變化。

—

**材料**（2人份）

優格香料醬雞肉……½量
櫛瓜……1條
甜椒(紅)……½個
奶油……10g
鹽、胡椒……各適量

—

**作法**

1 解凍優格香料醬雞肉。
2 櫛瓜切成5mm圓片，甜椒切成一口大小。
3 平底鍋以小火加熱，雞肉不要重疊放入鍋中，二面各煎4分鐘左右。放入櫛瓜與甜椒轉中火拌炒3分鐘左右，最後加入奶油、鹽、胡椒調味。

## 高湯醬雞肉

這是使用在肉塊的醃料，所以加重了調味。如果是冷藏保存的話，西式高湯粉的份量請減少至1小匙。

**材料**（密封保存袋（中）1袋份）

雞腿肉……2片

A
- 酒……1大匙
- 西式高湯粉……1又½小匙
- 沙拉油……1小匙
- 蒜泥（市售軟管狀）、鹽……各1小匙
- 胡椒……少許

**作法**

1 以叉子在雞皮上戳洞。
2 將材料**A**與雞肉放入密封保存袋中。隔著袋子將袋中材料充分揉捏均勻，擠出袋中空氣後，攤平冷凍保存。

ARRANGE_1

## 雞肉手抓飯

雞肉的鮮味融入飯中，鬆軟的雞肉與濃郁的起司非常美味。
這是一道推薦在家中也能簡單烹調的洋食菜色。

—

**材料**（2人份）

高湯醬雞肉……½量
米……1杯（180ml）
奶油……10g
玉米粒（罐頭、瀝乾湯汁）……50g

A
- 鹽……少許
- 水……190ml

B
- 帕梅善起司粉、乾燥巴西利……各適量

—

**作法**

1 解凍高湯醬雞肉，切成對半，米洗淨後瀝乾多餘水分。
2 奶油置於平底鍋中以中火加熱，雞皮朝下並排在鍋中，煎至表面上色約3分鐘左右，翻面繼續煎煮3分鐘。稍微降溫。
3 將玉米粒放入步驟**2**的平底鍋中，以中火加熱拌炒30秒左右，取出稍微降溫。
4 將米、材料**A**步驟**2**、**3**放入電鍋內鍋，以煮飯的方煮熟後燜15分鐘左右。將雞肉剝成絲與其他材料混合均勻後盛盤，最後撒上材料**B**。

## ARRANGE_3

# 炸雞

以大塊雞肉做成炸雞，不僅湯汁會鎖在肉裡，外觀看起來也美味。孩子們會非常喜歡。

—

**材料**（2人份）

高湯醬雞肉……全量
A｜低筋麵粉、太白粉……各3大匙
炸油……適量
生菜（剝成適當大小）……1片
檸檬（半月形）……¼個

—

**作法**

1 解凍高湯醬雞肉，以廚房紙巾擦乾表面湯汁，切成對半。
2 將材料**A**放入塑膠袋中，放入雞肉封口，晃動塑膠袋，讓雞肉塊整體沾裹上麵衣。
3 將沙拉油倒入鍋中，油量約5cm高，加熱至180℃，放入步驟**2**，雙面各炸5分鐘左右。盛盤佐以生菜與檸檬。

## ARRANGE_2

# 義式起司雞排

作法雖然非常簡單，卻可以做出受大家歡迎的美味。亦可使用馬扎瑞拉或其他種類起司替代。

—

**材料**（2人份）

高湯醬雞肉……全量
番茄泥（市售）……2大匙
會融化的起司……2片
生菜……2片
平葉巴西利……適量

—

**作法**

1 解凍高湯醬雞肉，以廚房紙巾擦乾表面湯汁。
2 平底鍋以小火加熱，雞皮朝下放入鍋中煎5分鐘左右，翻面後繼續煎4分鐘左右。
3 將番茄泥均勻的塗在雞皮表面，放上一片起司，蓋上鍋蓋以小火加熱2分鐘至起司融化後起鍋裝盤，佐以生菜葉與平葉巴西利。

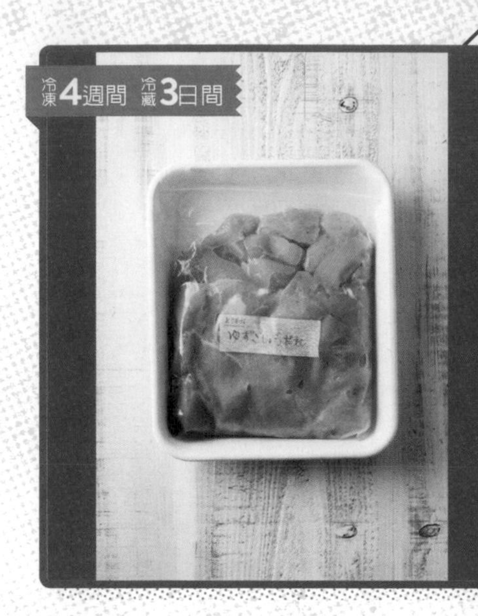


## 柚子胡椒醬雞肉

微辣的口味替清淡的雞胸肉帶來焦點。
柚子胡椒的份量請依照喜好調整。

**材料**（密封保存袋（中）1袋份）

雞胸肉……2片
A 醬油、酒、胡麻油……各1大匙
A 柚子胡椒……2小匙

**作法**

1 雞肉切成一口大小以擀麵棍輕輕敲打。
2 將材料**A**與雞肉放入密封保存袋中。隔著袋子將袋中材料充分揉捏均勻，擠出袋中空氣後，攤平冷凍保存。

**ARRANGE_1**

## 柚子胡椒雞天麩羅佐～溫泉蛋～

雖說雞肉天麩羅已經非常美味了，在蘸醬中再加上溫泉蛋更具有雙重美味的享受。

—

**材料**（2人份）

柚子胡椒醬雞肉……½量
A 天麩羅粉……10大匙
A 水……120ml
炸油……適量
豌豆莢（燙熟的）……1個
B 和風醬油（2倍濃縮）……4大匙
B 熱水……4大匙
溫泉蛋……2顆
青蔥（切末）……½根

—

**作法**

1 解凍柚子胡椒醬雞肉，以廚房紙巾擦乾表面湯汁。將材料**A**放入缽盆中攪拌均勻後放入雞肉混合均勻。
2 將沙拉油倒入鍋中，油量約5cm高，加熱至180℃，放入步驟**1**，雙面各炸6分鐘左右。
3 將步驟**2**盛盤，以剝開的豌豆莢裝飾。將混合好的材料**B**取另外的容器裝盛，放入溫泉蛋，加上青蔥花。雞肉天麩羅蘸上調好的材料**B**享用。

ARRANGE_2

## 蔥花蘿蔔柑橘醋醬 佐乾炒柚子胡椒雞

蘿蔔柑橘醋加上柚子胡椒，
享受微辣的風味與香氣。
這是一道非常清爽的料理。

—

**材料**（2人份）

柚子胡椒醬雞肉 ……………………… ½量
白蘿蔔 ……………………… ⅙條（150g）
A | 柑橘醋醬油 ……………………… 1大匙
A | 和風醬油（2倍濃縮）…………… 1大匙
A | 柚子胡椒 ……………………… ½小匙
青蔥（切末）……………………… 1根

—

**作法**

1. 解凍柚子胡椒醬雞肉，以廚房紙巾擦乾表面湯汁。
2. 白蘿蔔磨成泥略略擰去多餘水分，加入材料**A**混合均勻。
3. 將雞肉放入平底鍋中，以小火二面加熱4分鐘左右起鍋。盛盤將步驟**2**置於其上，最後撒上青蔥末。

ARRANGE_3

## 柚子胡椒炸雞

經過油炸後辣味會變得溫和。
孩子們也能接受的一道菜。
大人可以依照喜好蘸上柚子胡椒後享用。

—

**材料**（2人份）

高湯醬雞肉 ……………………… 全量
A | 低筋麵粉、太白粉 ……………… 各3大匙
炸油 ……………………… 適量
山椒葉、柚子皮（依個人喜好）………… 各適量

—

**作法**

1. 解凍高湯醬雞肉，以廚房紙巾擦乾表面湯汁。撒上混合均勻的材料**A**。
2. 將沙拉油倒入鍋中，油量約5cm高，加熱至180°C，放入步驟**1**，雙面各炸5分鐘左右。依照喜好佐以山椒葉與柚子皮享用。

冷凍4週間 冷藏3日間

## 烤肉醬雞肉

以家中現有的調味料簡單的再現烤肉醬風味，
請依照喜好添加辣椒粉。

**材料**（密封保存袋(中)1袋份）

雞胸肉……2片

A
- 番茄醬……4大匙
- 中濃豬排醬、酒……各2大匙
- 蜂蜜、醬油……各1大匙
- 砂糖、西式高湯粉……各1小匙
- 蒜泥(市售軟管)……½小匙
- 辣椒粉(依照喜好)……少許

**作法**

1. 雞肉切成一口大小以擀麵棍輕輕敲打。
2. 將材料A與雞肉放入密封保存袋中。隔著袋子將袋中材料充分揉捏均勻，擠出袋中空氣後，攤平冷凍保存。

ARRANGE_1

## 烤肉串

以平底鍋煎烤並串上竹籤，所以不用擔心烤出表面過熟裡面半生不熟的狀態。
只要做成這道菜，就不用擔心小朋友不吃自己不喜歡的蔬菜了。(笑)

—

**材料**（2人份‧8根）

烤肉醬雞肉……½量
櫛瓜……½條
甜椒(黃色)……¼個
沙拉油……1大匙
鹽、胡椒……各適量
捲葉萵苣(剝成適當大小)……2片
小番茄……4個

—

**作法**

1. 解凍烤肉醬雞肉，肉塊與湯汁分開。櫛瓜切成1cm圓片、甜椒切成一口大小。
2. 將沙拉油倒入平底鍋中以小火加熱。雞肉、櫛瓜不要重疊並排在平底鍋中加熱5分鐘左右翻面，將甜椒放入鍋中空隙處繼續加熱5分鐘。將櫛瓜與甜椒自鍋中取出，撒上鹽與胡椒。
3. 將醬汁倒入平底鍋中與雞肉一起以中火加熱1分鐘左右，煮至醬汁濃稠有光澤。將雞肉、櫛瓜、甜椒以竹籤串好，以鋪上捲葉萵苣的容器裝盛。在以小番茄享用。

ARRANGE_2

## 烤雞佐馬鈴薯熱沙拉

烤肉醬與美乃滋的組合非常絕妙，
味道濃郁的馬鈴薯沙拉加了番茄
頓時變成清爽的風味。

—

**材料**（2人份）

烤肉醬雞肉 ………………………… ½量
小番茄 ……………………………… 8個
薯條（帶皮、市售冷凍品，大片月牙形的）
………………………………… 100g
沙拉油 ……………………………… 1大匙
美乃滋 ……………………………… 1大匙
炸油、蘿蔔嬰 ……………………… 各適量

—

**作法**

1. 解凍烤肉醬雞肉，肉塊與湯汁分開。小番茄對半切備用。
2. 將沙拉油放入平底鍋中以小火加熱，雞肉不要重疊排放入鍋中。二面各煎5分鐘左右。加入湯汁拌炒30秒左右，至湯汁出現光澤後起鍋。
3. 將沙拉油倒入鍋中，油量約5cm高，依照薯條包裝指示炸酥。加入步驟**2**、美乃滋、小番茄混合。盛盤以蘿蔔嬰裝飾。

ARRANGE_3

## 新鮮番茄佐鬆軟蛋卷

帶有滑蛋濃郁風味的雞肉佐以大量番茄，
就是一道又健康又時尚的佳餚！
放在烤吐司上面也非常適合。

—

**材料**（2人份）

烤肉醬雞肉 ………………………… ½量
番茄 ………………………………… 1個
沙拉油 ……………………………… 3大匙
A ｜雞蛋 …………………………… 3個
A ｜牛奶 …………………………… 4大匙
A ｜鹽、胡椒 ……………………… 各少許
香葉芹（Chervil） ………………… 適量

—

**作法**

1. 解凍烤肉醬雞肉，肉塊與湯汁分開。番茄切成10等分的月牙形。
2. 將1大匙沙拉油放入平底鍋中以小火加熱，雞肉不要重疊排放入鍋中。二面各煎5分鐘左右。加入湯汁拌炒30秒左右，煮至雞肉沾裹上湯汁後起鍋。
3. 將步驟**2**的平底鍋洗淨，擦乾表面水分，加入1大匙沙拉油以大火加熱。倒入混合均勻後半量的材料**A**，以筷子將整體輕輕混合至半熟狀態後熄火，加入番茄以及半量的步驟**2**稍微混合後盛盤。剩下的材料也以同樣方式操作。

## 韓式辣椒醬雞肉

韓式辣椒醬加上味醂，不僅風味更濃郁，
顏色也更有光澤。
屬於大人的辛辣美味！

**材料**（密封保存袋（中）1袋份）

雞胸肉……2片

A
- 酒……4大匙
- 味醂……3大匙
- 韓式辣椒醬……2大匙
- 胡麻油……1大匙

**作法**

1 雞肉切成一口大小以擀麵棍輕輕敲打。
2 將材料**A**與雞肉放入密封保存袋中。隔著袋子將袋中材料充分揉捏均勻，擠出袋中空氣後，攤平冷凍保存。

**ARRANGE_1**

## 韓式馬鈴薯炒雞

大塊馬鈴薯與雞肉組合成的料理。
一盤就可以讓人有飽足感，
也可以使用黃豆芽取代日式粗冬粉。

—

**材料**（2人份）

烤肉醬雞肉……½量
日式粗冬粉（市售）……100g
馬鈴薯……2個（200g）
韭菜……½把
洋蔥……¼個
胡麻油……1大匙

A
- 砂糖、醬油……各1小匙
- 蒜泥（市售軟管）……少許

炒過的白芝麻……2小匙

—

**作法**

1 解凍烤肉醬雞肉，肉塊與湯汁分開。湯汁與材料**A**混合均勻備用。日式粗冬粉以熱水汆燙2分鐘左右瀝乾水分。馬鈴薯切成5mm厚圓片，以微波爐（600W）加熱5分鐘左右。韭菜切5cm小段，洋蔥切絲。
2 將胡麻油放入平底鍋中以小火加熱，雞肉不要重疊並排於鍋中雙面各煎4分鐘左右，放入韭菜、洋蔥以中火拌炒2分鐘。放入馬鈴薯、日式粗冬粉、步驟**1**中的湯汁後整體拌炒均勻。
3 將步驟**2**以容器裝盛、撒上白芝麻。

ARRANGE_2

## 韓式雞肉豆腐辣湯

這一鍋裝滿了會讓身體溫暖的食材，
隨手就可以做好、美味實惠，
簡便卻不簡單的一道料理。

—

**材料**（2人份）

烤肉醬雞肉……………………½量
絹豆腐……………………½塊
韭菜……………………½把
A | 雞高湯粉……………………½小匙
A | 水……………………600ml
A | 蒜泥（市售軟管）……………………少許
黃豆芽……………………1包
B | 紅辣椒（切成圈）、辣油（依照喜好）…… 各少許

—

**作法**

**1** 將豆腐切成4等分，韭菜切成5cm小段。

**2** 將冷凍的雞肉、材料**A**與豆腐放入鍋中以大火加熱，煮滾後轉小火將鍋中黏在一起的雞肉剝鬆繼續煮5分鐘，放入韭菜、黃豆芽繼續煮1分鐘左右，依照喜好添加材料**B**。

ARRANGE_3

## 甜辣薯條雞

使用冷凍薯條做成的超省時料理。
以濃郁的甜辣調味，
非常受到家裡小哥哥們的歡迎。

—

**材料**（2人份）

烤肉醬雞肉……………………½量
砂糖……………………2小匙
薯條（帶皮、市售冷凍品，大片月牙形）……100g
炸油……………………適量
炒熟的白芝麻……………………2小匙

—

**作法**

**1** 解凍烤肉醬雞肉，肉塊與湯汁分開。湯汁與砂糖混合均勻。

**2** 將沙拉油倒入鍋中，油量約5cm高，依照薯條包裝指示炸酥。

**3** 將平底鍋以小火加熱，雞肉不要重疊並排於鍋中雙面各煎4分鐘左右，加入湯汁拌炒1分鐘左右，加入步驟**2**稍微混合均勻。盛盤後撒上白芝麻。

冷凍4週間 冷藏3日間

## 大蒜檸檬醬兩節翅

清爽的檸檬風味、結合了大蒜的鮮明刺激。

**材料**（密封保存袋(中)1袋份）

雞兩節翅……8隻

A
- 橄欖油……1大匙
- 大蒜粉、檸檬汁……各1小匙
- 鹽、蒜泥(市售軟管)……各½小匙
- 胡椒……少許

**作法**

1 在兩節翅關節部分以刀切出刀痕

2 將材料A與兩節翅放入密封保存袋中。隔著袋子將袋中材料充分揉捏均勻，擠出袋中空氣後，攤平冷凍保存。

ARRANGE_1

## 烤大蒜檸檬雞翅

僅需將冷凍狀態的雞翅直接放進烤箱烤熟而已，再加上一點替風味增色的黑胡椒，就是一道令人驚艷的美味。

—

**材料**（2人份）

大蒜檸檬醬兩節翅……½量
粗粒黑胡椒(依照喜好)……少許
香葉芹(Chervil)……適量

—

**作法**

將烘焙紙鋪在烤盤上，將冷凍的雞翅一隻一隻整齊排好，烤箱以180°C預熱，烤40分鐘左右，盛盤後依照喜好撒上黑胡椒，以香葉芹裝飾。

ARRANGE_2

## 越式雞翅煮黃豆芽湯

有著像是花了許多時間熬煮出來的高湯一般的風味，
雞肉煮到以筷子就能挾取的柔軟，
這是一道在自家就能煮出來的異國風味。

—

**材料**（2人份）

大蒜檸檬醬兩節翅……………………½量

| | | |
|---|---|---|
| A | 大蔥蔥綠的部分 | 1根份 |
| | 生薑（切片） | 2片 |
| | 雞高湯粉 | 1大匙 |
| | 水 | 600ml |
| B | 冬粉 | 50g |
| | 黃豆芽 | ½包 |

乾燥巴西利（依照喜好）……………適量

| | | |
|---|---|---|
| C | 檸檬（切成小塊）、紅辣椒（切成圈狀） | 各適量 |

—

**作法**

1. 將冷凍的大蒜檸檬醬兩節翅與材料**A**放入鍋中，以大火加熱，煮滾後轉小火慢煮30分鐘。將鍋內蔥綠與薑片取出，加入材料**B**繼續加熱3分鐘。
2. 將步驟**1**以容器裝盛，依照喜好添加乾燥的巴西利葉與材料**C**。

冷凍4週間 冷藏3日間

## 大蒜醬油風味雞翅腿

將帶骨的雞翅腿醃漬入味這件事，
就讓冷凍的過程來完成。
透過冷凍手續讓雞翅腿骨肉分離吃起來也不費功夫。

**材料**（密封保存袋（中）1袋份）

雞翅腿……8隻
A 味醂、醬油……各3大匙
A 胡麻油……1大匙
A 蒜泥（市售軟管）……½小匙

**作法**

將材料A與雞翅腿放入密封保存袋中。隔著袋子將袋中材料充分揉捏均勻，擠出袋中空氣後，攤平冷凍保存。

ARRANGE_1

## 雞翅腿與蔥油中華麵

這是以沖繩麵為發想的一道麵點，
帶點焦香的蔥油是味道的關鍵。
大家不用客氣的將大蔥炒的焦香吧！

—

**材料**（2人份）

大蒜醬油風味雞翅腿……½量
大蒜……4瓣
大蔥……1根
胡麻油……2大匙
A 雞高湯粉……2大匙
A 水……600ml
中華麵……2球
青蔥（切末）……2根

—

**作法**

1 大蒜切成薄片、大蔥斜切成1cm斜片。
2 1又½大匙胡麻油、大蒜放入鍋中以小火加熱至香氣四溢後加入大蔥，以大火拌炒至大蔥略帶焦色。
3 將材料A冷凍的大蒜醬油風雞翅腿連同醃漬湯汁一同放入鍋中，以小火加熱，煮滾後轉小火，撈除鍋中浮沫繼續煮20分鐘，放入剝鬆的中華麵繼續煮2分鐘左右。以容器裝盛，平均撒上青蔥花，最後淋上剩餘的胡麻油。

ARRANGE_3

## 芝麻醬雞翅腿與地瓜

大蒜醬油與地瓜的甜味是非常好的組合。
是一道孩子們都很喜歡的基本款菜色，
就算涼了也很好吃。

—

**材料**（2人份）

大蒜醬油風味雞翅腿……½量
地瓜……½條
胡麻油……1大匙
砂糖……1大匙
水……100ml
炒過的白芝麻……2大匙

—

**作法**

1 將大蒜醬油風味雞翅腿解凍後，湯汁與雞翅腿分開。地瓜切成寬7mm長5cm的條狀。
2 將胡麻油與地瓜放入平底鍋中拌炒2分鐘左右至地瓜均勻沾上油脂。
3 將雞翅腿放入步驟**2**的平底鍋中以中火加熱，加入砂糖拌炒，等砂糖融化後加入湯汁與份量中的水以小火加熱，蓋上落蓋煮10分鐘左右。取下落蓋繼續加熱至收乾湯汁，最後加入白芝麻均勻拌炒。

ARRANGE_2

## 酥炸雞翅腿

僅需在解凍之後撒上粉類材料下鍋酥炸即可，
透過冷凍的手續讓雞翅腿入味，
這是一道簡便卻風味十足的料理。

—

**材料**（2人份）

大蒜醬油風味雞翅腿……½量
**A**｜低筋麵粉、太白粉……各2大匙
炸油……適量
生菜……1片

—

**作法**

1 將大蒜醬油風味雞翅腿解凍後，以廚房紙巾擦乾表面汁液。
2 將材料**A**與雞翅腿放入塑膠袋中，封住封口上下晃動。
3 將沙拉油倒入鍋中，油量約5cm高，加熱至180℃，放入步驟**2**，雙面各炸5分鐘左右。盛盤佐以生菜。

•BANGOHAN•

# 使用冷凍常備食材製作的晚餐

在此介紹使用冷凍常備食材來輕鬆製作的晚餐♪

MENU

## 糖醋麻婆肉丸子定食

### 韭菜馬鈴薯雞湯

**材料**（2人份）

自製味噌湯冷凍綜合湯料①（P18參照）……… 60g
雞高湯粉………………………………………2小匙
胡麻油……………………………………… 少許
水…………………………………………… 300ml
炒過的白芝麻……………………………… 適量

**作法**

取二個耐熱容器將材料各半均分至容器中。將一個容器放入微波爐中（600W），加熱2分20秒，取出之後充分混合均勻。剩下的以同樣方法加熱，各自撒上白芝麻。

### 牛奶果凍

**材料**（容易操作的份量）

A
粉狀吉利丁……………………………………… 5g
水…………………………………………1大匙

牛奶……………………………………… 280ml
砂糖………………………………………2大匙

B
砂糖 ……………………………………5大匙
檸檬汁 …………………………………… 少許
熱水 …………………………………… 100ml

草莓（對半切）、香葉芹（chervil）…………各適量

**作法**

1. 將材料**A**放入較小的缽盆中，還原吉利丁。
2. 將牛奶倒入耐熱缽盆中蓋上保鮮膜以微波爐（600 W）加熱1分30秒，加入砂糖與步驟**1**混合均勻，充分溶解吉利丁。靜置稍微降溫後，蓋上保鮮膜冷藏2個鐘頭使其凝固。
3. 取另一缽盆放入材料**B**混合均勻，置於冷藏室中冷卻。
4. 將步驟**2**以湯匙舀取至容器中裝盛，佐以草莓、香葉芹，最後淋上步驟**3**。

**YU-MAMA COMMENT**

肉丸子以事先調味過的肉餡製作，烹調時間大幅縮短。以自製味噌湯冷凍綜合湯料製作中華風的湯品，完成2道菜。最後也請務必嘗試帶有溫和甜味的牛奶果凍。

### 糖醋麻婆肉丸子

（P61參照）

以同樣方式製作。

YU-MAMA COMMENT

僅需炒熟冷凍常備肉品，再切點高麗菜絲，也能享用豐富的蔬菜。味噌湯與配菜都可以冷凍保存，雖然是毫不費功夫的菜色，但是一點都沒有偷懶的感覺。

MENU

## 薑汁醬油風味豬肉飯 cafe定食

### 薑汁醬油風味豬肉飯

**材料**（2人份）

薑汁醬油風味豬肉（P40參照）½份量
高麗菜……………………………⅛個
熱白飯………………2人份碗公飯量
炒過的白芝麻……………………適量

—

**作法**

1 將薑汁醬油風味豬肉解凍。將解凍後的豬肉片在平底鍋中攤放整齊，加入湯汁以小火加熱，拌炒6分鐘左右。
2 將白飯以容器裝盛，鋪上高麗菜絲後放上半量的步驟**1**，撒上白芝麻。

### 味噌球即食味噌湯

**材料**（2人份）

自製味噌湯冷凍綜合湯料④
（P18參照）……………………80g
冷凍味噌球（P19參照）…………2個
水………………………………300g

—

**作法**

取二個耐熱容器將味噌湯冷凍綜合湯料與味噌球、水各半均分至容器中。將一個容器放入微波爐中（600W），加熱2分20秒，取出之後充分混合均勻。剩下的以同樣方法加熱。

### 芝麻花生醬菠菜

（P79參照）

取⅙份量解凍後盛盤（或分成小份後再冷凍）。

YU-MAMA COMMENT

雞肉非常入味，所以不需要以一般製作南蠻雞肉的方式烹煮，也會讓人有滿足感。僅需將焦糖洋蔥放一點到湯裡，風味就更有深度。

MENU

## 糖醋照燒雞肉佐塔塔醬cafe餐

### 焦糖洋蔥玉米湯

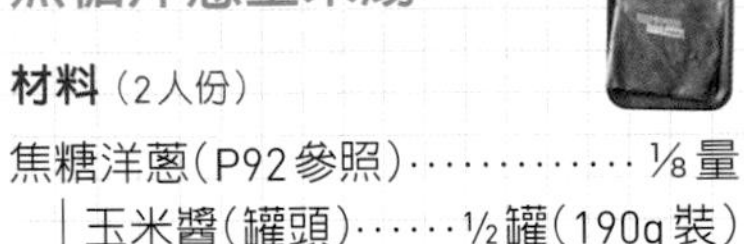

**材料**（2人份）

焦糖洋蔥（P92參照）……………⅛量

| | |
|---|---|
| A | 玉米醬（罐頭）……½罐（190g裝） |
| | 玉米粒（罐頭，瀝除湯汁）……20g |
| | 鹽、雞高湯粉…………各適量 |
| | 水…………………………100ml |

牛奶………………………………100ml

| | |
|---|---|
| B | 太白粉……………………1小匙 |
| | 水…………………………1大匙 |

—

**作法**

將冷凍的焦糖洋蔥放入鍋中，加入材料**A**後以大火加熱，煮滾後轉小火續煮，當焦糖洋蔥融入湯中後，撈除泡渣。將牛奶與混合均勻的材料**B**加入鍋中，煮至湯汁濃稠。

### 綜合蔬菜沙拉

**材料**（2人份）

美生菜……………………………2片
洋蔥、胡蘿蔔……………………各適量

—

**作法**

將美生菜剝成適當大小。洋蔥切薄片、胡蘿蔔切細絲。混合均勻後以容器裝盛。

### 糖醋照燒雞肉佐塔塔醬

（P22參照）

以同樣方法操作。

## 薑汁醬油風味豬肉片

定番的生薑醬油風味活用度超群，
加了些許太白粉讓肉質更軟嫩。

**材料**（密封保存袋（中）1袋份）

豬肉片……300g

A
- 砂糖、醬油……各1又½大匙
- 味醂……1大匙
- 沙拉油……2小匙
- 太白粉……1小匙
- 生薑泥（市售軟管）……½小匙

**作法**

1 將材料**A**與豬肉片放入密封保存袋中。隔著袋子將袋中材料充分揉捏均勻，擠出袋中空氣後，攤平冷凍保存。

**ARRANGE_1**

## 薑汁醬油風味豬佐蜂蜜蘋果

豬肉跟甜味其實是很搭的。
只是加了蘋果與蜂蜜一同拌炒，氣氛就完全不同，就像是café裡的菜色。

—

**材料**（2人份）

薑汁醬油風味豬肉片……全量
蘋果（較硬的）……¼個
蜂蜜……1大匙
香葉芹……適量

—

**作法**

1 將薑汁醬油風味豬肉片解凍，蘋果帶皮切成4等分的半月形。
2 將豬肉片攤放在平底鍋中，在有空間的地方放上蘋果，以小火加熱。蘋果不時翻面，拌炒約6分鐘，炒至豬肉片變色後加入蜂蜜拌炒均勻。
3 將步驟**2**盛盤，以香葉芹裝飾。

## ARRANGE_3

# 厚切油豆腐佐香蔥生薑燒肉

也會有覺得光是厚切油豆腐下飯是不太夠的時候，
這種時候就放點肉上去吧。
讓清淡的厚切油豆腐變身成主角的一道菜。

—

**材料**（2人份）

| | |
|---|---|
| 薑汁醬油風味豬肉片 | ⅓量 |
| 厚切油豆腐 | 2片 |
| 獅子唐椒 | 4根 |
| 青蔥 | 1根 |
| 沙拉油 | 1大匙 |
| 生薑泥（市售軟管） | 適量 |

—

**作法**

1 將薑汁醬油風味豬肉解凍後，切成細末。獅子唐椒以竹籤戳出數個孔洞。青蔥切末。
2 將沙拉油倒入平底鍋中以中火加熱，放入厚切油豆腐、獅子唐椒。煎烤至鍋中材料全面均勻上色後以容器裝盛。
3 將豬肉放入步驟**2**所使用的平底鍋以中火加熱，炒至肉末變色後加入青蔥末稍微混合均勻，淋在厚切油豆腐上，最後放上生薑泥。

## ARRANGE_2

# 酥炸起司肉丸子

混合起司之後，就會是孩子們喜歡的菜色。
就算冷了也很好吃，帶便當也很棒。

—

**材料**（2人份）

| | | |
|---|---|---|
| 薑汁醬油風味豬肉片 | | 全量 |
| A | 披薩用起司絲 | 50g |
| A | 太白粉 | 1大匙 |
| 炸油 | | 適量 |
| 生菜 | | 2片 |
| 甜辣醬（依照喜好） | | 2大匙 |
| 香葉芹（依照喜好） | | 少許 |

—

**作法**

1 將薑汁醬油風味豬肉片解凍，切成細末。
2 將步驟**1**與材料**A**放入缽盆中混合均勻後分成10等分，整形成丸子狀。將沙拉油倒入鍋中，油量約5cm高，加熱至180℃放入肉丸子，酥炸5分鐘左右。
3 將步驟**2**以鋪好生菜的容器裝盛，依照喜好佐以甜辣醬與香葉芹享用。

## 鹽蔥醬豬肉片

看似清爽的一道菜，卻可以補充體力！
加了一整根大蔥、是美味的關鍵。

**材料**（密封保存袋(中)1袋份）

豬肉片……300g
大蔥……1根
大蒜……2瓣
A
胡麻油……1大匙
雞高湯粉……1小匙
鹽……¼小匙
胡椒……少許

**作法**

1 將大蔥、大蒜切末。
2 將步驟**1**與材料**A**以及豬肉片放入密封保存袋中。隔著袋子將袋中材料充分揉捏均勻，擠出袋中空氣後，攤平冷凍保存。

ARRANGE_1

## 鹽蔥迷你韓式煎餅

軟Q的煎餅跟豬肉也很搭。
依照喜好加入切碎的泡菜也很美味。

**材料**（直徑6cm，6個份）

鹽蔥醬豬肉片……½量
韭菜……½把
A
雞蛋……1個
太白粉……7大匙
水……5大匙
低筋麵粉……3大匙
胡麻油……1大匙
和風高湯粉⅓小匙
胡麻油……3大匙

B
日式柑橘醬油……2大匙
辣油……少許
炒過的白芝麻……適量

**作法**

1 解凍鹽蔥醬豬肉片後切成肉末。韭菜切末。
2 將材料**A**放入缽盆中充分混合均勻，加入步驟**1**後混合均勻。
3 將1大匙胡麻油放入平底鍋中，以中火加熱倒入⅙步驟**2**，攤成直徑6cm大小的圓餅狀。以同樣的方法再做成另1片，雙面各煎3分鐘。剩下的材料也以同樣方式操作，共計做成6片。
4 將步驟**3**以容器裝盛後，在以混合均勻的材料**B**享用。

ARRANGE_2

## 鹽蔥豬肉辣味烏龍麵

以當作一餐來思考的話，份量就非常重要。
假日午餐的推薦菜色。

—

**材料**（2人份）

| | | |
|---|---|---|
| 鹽蔥醬豬肉片 | | ½量 |
| A | 雞高湯粉 | 1大匙 |
| | 水 | 500ml |
| 烏龍麵 | | 2球 |
| 大蔥的蔥白部分（切成細絲） | | 5cm |
| 炒過的白芝麻 | | 2小匙 |
| 辣油 | | ½小匙 |

—

**作法**

**1** 解凍鹽蔥醬豬肉片。
**2** 將豬肉放入鍋中以中火加熱，拌炒至肉片變色。加入材料**A**以大火加熱，湯汁煮滾後轉小火撈除浮沫，加入烏龍麵煮2分鐘左右。
**3** 將步驟**2**以容器裝盛，等分放上蔥絲，撒上炒過的白芝麻、淋上辣油。

ARRANGE_3

## 青江菜炒鹽蔥豬肉

看起來只是一道加入青菜拌炒即成的簡單料理，
卻是正統的中華風味！
蔬菜切大塊一點，看起來很有份量。
如果做成拉麵的配料也很豪華。

—

**材料**（2人份）

| | |
|---|---|
| 鹽蔥醬豬肉片 | ½量 |
| 青江菜 | 1把 |
| 蓮藕 | ½節 |
| 芝麻油 | 1大匙 |

—

**作法**

**1** 解凍鹽蔥醬豬肉片。青江菜切除根部後長度對半切開。蓮藕切成5mm厚的半月形，稍微浸泡在醋水（份量外）中，瀝乾備用。
**2** 將胡麻油放入平底鍋中以中火加熱，加入蓮藕拌炒3分鐘左右取出。
**3** 將豬肉加入步驟**2**的平底鍋中，以小火拌炒6分鐘左右，最後加入青江菜，拌炒，最後再放入蓮藕拌炒2分鐘至整體均勻。

## 番茄醬豬肉

番茄醬與洋蔥的甜味是整個味道的關鍵。
加入洋蔥之後再冷凍，比起僅有肉片要更方便！

**材料**（密封保存袋（中）1袋份）

豬肉片……300g
洋蔥……1個
A
番茄醬、中濃豬排醬……各2大匙
蜂蜜……1大匙
奶油……10g
太白粉……1小匙
西式高湯粉……½小匙

**作法**

1 將洋蔥切絲。
2 將步驟**1**與材料**A**以及豬肉片放入密封保存袋中。隔著袋子將袋中材料充分揉捏均勻，擠出袋中空氣後，攤平冷凍保存。

ARRANGE_1

## 豆子燉肉

加了番茄罐頭之後產生的爽口甜味是整道菜的重點。
也可以用綜合豆取代黃豆。

—

**材料**（2人份）

番茄醬豬肉片……½量
胡蘿蔔……⅓條
水煮黃豆……1包（100g）
A
番茄罐頭（有完整番茄的）……½罐（1罐為400g）
月桂葉……1片
牛奶……3大匙
鹽、胡椒、香葉芹……各適量
奶油球……2個（4.5ml裝）

—

**作法**

1 解凍番茄醬豬肉片，稍微切小片。
2 胡蘿蔔切成8mm小丁。
3 將步驟**1**放入鍋中以中火加熱，炒至肉片變色後加入胡蘿蔔、黃豆與材料**A**以小火加熱，不時拌炒15分鐘。撈起鍋中的月桂葉後加入牛奶、鹽、胡椒調味。
4 將步驟**3**以容器裝盛，放上香葉芹附上奶油球。

ARRANGE_2

## 燴肉片佐鐵板拿波里肉醬麵

以時下流行的小鐵鍋為容器裝盛café風的拿波里肉醬麵。
這是一道孩子們會不斷點菜的料理(笑)，
如果沒有小鐵鍋就請使用平底鍋。

—

**材料**（直徑20cm的小鐵鍋・2個份）

|  |  |
| --- | --- |
| 番茄醬豬肉 | ½量 |
| 鴻禧菇 | 1包 |
| 大蒜 | 1瓣 |
| 義大利麵 | 150g |
| 奶油 | 10g |
| **A** 牛奶、水 | 各50g |
| **A** 番茄醬 | 2大匙 |
| **B** 雞蛋 | 3個 |
| **B** 牛奶 | 2大匙 |
| 沙拉油 | 2大匙 |
| 香葉芹 | 適量 |

—

**作法**

1 解凍番茄醬豬肉片，稍微切小片。
2 鴻禧菇切除底部，分成小朵。大蒜切末。義大利麵依照包裝指示燙熟。
3 將奶油與大蒜放入平底鍋中，以小火加熱。加熱至大蒜香氣產生後放入步驟**1**以中火拌炒3分鐘左右。加入鴻禧菇稍微拌炒後加入材料**A**煮2分鐘左右至湯汁略略收乾，加入義大利麵拌炒均勻後起鍋。
4 將材料**B**放入缽盆中混合均勻。將1大匙沙拉油倒入小鐵鍋中以大火加熱，放入半量蛋液以調理筷大大的混拌3～4次，等到鍋中蛋液呈現半熟狀態熄火。
5 放入半量的步驟**3**以香葉芹裝飾。剩下的材料也以同樣方式操作。

ARRANGE_3

## 濃郁番茄醬豬肉

僅需使用醃肉的湯汁再加上奶油拌炒，
就會變成一道風味濃郁的料理，
與白飯一同享用非常美味。

—

**材料**（2人份）

|  |  |
| --- | --- |
| 番茄醬豬肉 | 全量 |
| 甜椒(紅) | 1個 |
| 沙拉葉 | 2片 |
| 小番茄(黃) | 4個 |

—

**作法**

1 解凍番茄醬豬肉片，稍微切小片。
2 甜椒切絲。
3 將步驟**1**放入平底鍋中以中火加熱，拌炒5分鐘左右，加入甜椒拌炒後以鋪上生菜葉的容器裝盛，佐以小番茄。

## 優格味噌醬豬肉

使用了優格與味噌雙重發酵食品，
增加鮮味，肉質也更柔軟。

**材料**（密封保存袋(中)1袋份）

里肌肉薄片……8片

A
- 無糖優格、味噌、砂糖……各4大匙
- 醬油……1大匙
- 蒜泥(市售軟管)……½小匙

**作法**

將豬肉片攤平於調理盤上，均勻抹上混合均勻的材料**A**。裝入密封袋中、擠出袋中空氣後，攤平冷凍保存。

ARRANGE_1

## YU媽媽家的濃郁美味豬肉味噌湯

優格與味噌的鮮味加倍讓美味更提升，
如果沒有白味噌的話，請以其他味噌替代。

—

**材料**（4人份）

優格味噌醬豬肉……½量
馬鈴薯……1個
牛蒡(細的)、胡蘿蔔……各½條
白蘿蔔……⅙條
油豆腐皮……1片
絹豆腐……½塊

A
- 和風高湯粉……½小匙
- 水……1L

白味噌……3大匙

B
- 柴魚片……適量
- 青蔥(切末)……1根
- 七味辣椒粉適量

—

**作法**

1. 解凍優格味噌醬豬肉，切成1cm寬片狀。馬鈴薯去皮，切成一口大小。牛蒡刨成薄片。胡蘿蔔切成短條狀。白蘿蔔切成¼圓薄片。油豆腐皮、豆腐接成1cm小塊。
2. 將步驟**1**與材料**A**放入鍋中，以大火加熱，煮滾之後轉小火撈除泡渣，煮15分鐘左右後加入白味噌。
3. 將步驟**2**以容器裝盛後撒上材料**B**。

ARRANGE_2

## 優格味噌醬七味燒

僅需煎烤過就是一道美味的佳餚，
在忙碌的日子裡請務必嘗試看看的菜色，
佐以麵包或是做成丼飯也都很棒。

—

**材料**（2人份）

優格味噌醬豬肉……½量
七味辣椒粉……適量
青蔥（切末）……1根

—

**作法**

1 解凍優格味噌醬豬肉，以廚房紙巾將表面的湯汁擦乾淨。
2 將豬肉攤放在平底鍋中以小火加熱，雙面各煎4分鐘左右後撒上七味辣椒粉，以容器裝盛，最後撒上青蔥花。

ARRANGE_3

## 小烤箱做成的油豆腐皮味噌披薩

以味噌風味豬肉與酥脆的油豆腐皮
做成下酒菜風的披薩。
YU媽媽的朋友們稱讚說『光想到這道菜的味道就可以配啤酒了呢～』（笑）

—

**材料**（2人份）

優格味噌醬豬肉……¼量
油豆腐皮（正方形・不需要去油的）……小的4片
披薩用起司……40g
香葉芹……適量

—

**作法**

1 解凍優格味噌醬豬肉，以廚房紙巾將表面的湯汁擦乾淨，切成1cm寬。
2 依序將豬肉片、披薩用起司等分放在油豆腐皮上，以小烤箱（1000W）烤7分鐘左右，以香葉芹裝飾。

## 洋蔥泥蜂蜜醬油醬豬肉

肉塊特價的日子裡，一定會做的庫存。
洋蔥泥與蜂蜜讓肉塊的肉質變得柔軟。

**材料**（密封保存袋(中)1袋份）

豬腿肉塊……400g
洋蔥……¼個
A 醬油……4大匙
A 蜂蜜……3大匙
A 薑泥、蒜泥(市售軟管)……各½小匙

**作法**

1 將豬肉塊的長度切半後，以叉子隨意在肉塊上戳洞。洋蔥磨成泥。
2 將步驟**1**與材料**A**以放入密封保存袋中。隔著袋子將袋中材料充分揉捏均勻，擠出袋中空氣後，攤平冷凍保存。

ARRANGE_1

## 骰子豬排

只需將肉塊煎過而已，
就會是一道連3歲的三男也可以吃的豬排。
將表面煎至焦香，讓美味倍增。

—

**材料**（2人份）

洋蔥泥蜂蜜醬油醬豬肉……全量
粗粒黑胡椒……少許
櫻桃蘿蔔……2個

—

**作法**

1 解凍洋蔥泥蜂蜜醬油醬豬肉，擦乾湯汁後切成一口大小。
2 將豬肉放入平底鍋中以小火加熱，雙面各煎4分鐘左右。盛盤撒上粗粒黑胡椒佐以櫻桃蘿蔔。

## ARRANGE_2

### 柔軟滷肉佐滷蛋

風味濃郁又柔軟的滷肉，
伍斯特醬是隱藏於後韻的隱味。
如果使用壓力鍋烹調可以縮短10分鐘左右的時間。

—

**材料**（2人份）

洋蔥泥蜂蜜醬油醬豬肉………………… 全量
綠花椰菜……………………………… ¼個
A 砂糖 ……………………………2大匙
A 伍斯特醬 ………………………1大匙
A 水 ………………………………600ml
水煮蛋(去殼)………………………… 2個
B 太白粉 …………………………1小匙
B 水 ………………………………1大匙

—

**作法**

1 解凍洋蔥泥蜂蜜醬油醬豬肉，豬肉長度對半切。綠花椰菜切成小朵稍微汆燙，燙至仍保留漂亮顏色。
2 將豬肉連同湯汁與材料**A**放入鍋中以大火加熱，煮滾之後轉小火蓋上落蓋，不時撈除浮沫慢煮約1個鐘頭(如果煮到一半湯汁不足可加入份量外的水補足水量)。煮至肉塊變軟後，加入水煮蛋繼續煮5分鐘左右。
3 將水煮蛋對半切開，連同豬肉一同盛盤佐以綠花椰菜。
4 將6大匙滷汁加上混合均勻的材料**B**以中火加熱，煮至湯汁濃稠後淋在步驟**3**上。

## ARRANGE_3

### 洋蔥醬燒豬肉

看起來似乎有點難度的烤豬肉，
其實僅需放進烤箱烤即可。
在家也可以簡單做出多汁的燒豬肉。

—

**材料**（2人份）

洋蔥泥蜂蜜醬油醬豬肉………………… 全量
美生菜 ……………………………………1片
砂糖、黃芥末(依照喜好) ………… 各1小匙

—

**作法**

1 解凍洋蔥泥蜂蜜醬油醬豬肉，將湯汁與肉塊分開。
2 烤箱預熱180℃，將擦乾湯汁的肉塊放在以烘焙紙鋪好的烤盤上，烤30分鐘後於烤箱中靜置15分鐘，讓烤好的肉塊休息，取出後切成1cm厚片，以鋪好美生菜的容器裝盛。
3 取小鍋子放入湯汁與砂糖，以小火加熱，撈除表面浮沫後煮3分鐘至湯汁濃稠，淋在步驟**2**上，佐以黃芥末享用。

冷凍 4週間　冷藏 3日間

## 燒肉醬牛肉

以味噌為基底是家人們都熟悉也喜愛的味道。
就算是較硬的肉也會變得柔軟。

**材料**（密封保存袋（中）1袋份）

牛肉片……300g
洋蔥……⅛個
A ┃味醂、醬油……各2大匙
　┃炒過的白芝麻、味噌……各1大匙
　┃胡麻油……1小匙
　┃蒜泥（市售軟管）……½小匙

**作法**

1 將洋蔥磨成泥。
2 將步驟**1**與材料**A**、牛肉片放入密封保存袋中。隔著袋子將袋中材料充分揉捏均勻，擠出袋中空氣後，攤平冷凍保存。

ARRANGE_1

## 南瓜炒牛肉

鬆軟的南瓜有濃郁味噌基底醬汁的風味。
加上香噴噴的芝麻與入味的和風高湯滋味豐富。

—

**材料**（2人份）

燒肉醬牛肉……½量
南瓜……¼個
胡麻油……1大匙
A ┃和風高湯粉……少許
　┃水……100ml
炒過的白芝麻……2小匙

—

**作法**

1 解凍燒肉醬牛肉。
2 南瓜切成1cm厚片。
3 將胡麻油倒入平底鍋中，步驟**1**連同湯汁放入鍋中以小火加熱，拌炒至肉片變色後加入南瓜繼續拌炒2分鐘左右。等待鍋中所有材料都均勻沾上油脂之後加入材料**A**，蓋上落蓋煮8分鐘。煮至南瓜熟軟（南瓜變軟之前，如果鍋中水量不足，可多次少量添足所需水量（份量外）。
4 取下落蓋以中火收乾湯汁，撒上白芝麻混合均勻。

ARRANGE_2

## 海苔燒肉卷 ～酪梨＆番茄版～

燒肉與滑潤的酪梨、新鮮的番茄出色的搭配，
與白飯也很對味！

—

**材料**（4個）

燒肉醬牛肉 …… ½量
酪梨、番茄 …… 各½個
檸檬汁 …… 1小匙
烤海苔 …… 大片2片
沙拉油、美乃滋 …… 各適量
捲葉萵苣 …… 3片

—

**作法**

1. 解凍燒肉醬牛肉。取適量沙拉油倒入平底鍋中以大火加熱，牛肉連同湯汁放入鍋中，拌炒至肉片變色。
2. 酪梨去皮去籽與番茄一同切成4等分的月牙型，將檸檬汁淋在酪梨上。番茄以廚房紙巾擦乾表面多餘汁液。
3. 將保鮮膜攤成30cm正方，放上一片海苔，在中央略略靠近自己的地方鋪上一片捲葉萵苣後放上半量的步驟**1**與**2**，擠上美乃滋後，從靠近自己的這端拉起保鮮膜將材料捲起來。捲好之後接口朝下靜置3分鐘。剩下的材料也以同樣方式操作，做成兩卷，捲好的海苔卷各別切開。
4. 將步驟**3**以鋪上捲葉萵苣的容器裝盛。

ARRANGE_3

## 蔬菜多多韓式拌飯

製作韓式涼拌菜看起來好像很費工，
但是其實只需要將蔬菜燙過後調味即可，
一碗飯可以吃到肉與蔬菜，營養非常均衡。

—

**材料**（2人份）

燒肉醬牛肉 …… ½量
黃豆芽 …… ½袋
胡蘿蔔 …… ⅓根
菠菜 …… ½把
鹽、胡椒 …… 各適量
胡麻油 …… 2大匙
沙拉油 …… 2小匙
熱白飯 …… 2人份碗公飯量
韓式辣椒醬 …… 2大匙
炒過的白芝麻2小匙
溫泉蛋 …… 2個

—

**作法**

1. 解凍燒肉醬牛肉。胡蘿蔔切細絲。
2. 燒開一鍋水，依序將黃豆芽、胡蘿蔔、菠菜各別燙熟。菠菜燙過之後泡冰水，瀝乾之後切成3cm長。其餘蔬菜皆擰乾水分後，各別放入小碗中，分別加入鹽、胡椒與2小匙胡麻油調味拌勻。
3. 將沙拉油倒入平底鍋中，以中火加熱，牛肉連同湯汁放入鍋中炒至肉片變色。
4. 以碗公盛2碗飯，依序各別放入步驟**2**、**3**，淋上韓式辣椒醬撒上炒過的白芝麻，最後放上溫泉蛋。

冷凍4週間 冷藏3日間

## 中華風味醬牛肉

不使用蠔油，以自家有的調味料製作醬汁為原則。如此一來，想做的時候，隨手都有材料。

**材料**（密封保存袋(中)1袋份）

牛肉片 ………… 300g

A
- 伍斯特醬 ………… 2大匙
- 酒、味醂、中濃豬排醬、胡麻油 … 各1大匙
- 太白粉 ………… 1小匙
- 薑泥(市售軟管)、雞高湯粉 ……… 各½小匙

**作法**

將材料**A**、牛肉片放入密封保存袋中。隔著袋子將袋中材料充分揉捏均勻，擠出袋中空氣後，攤平冷凍保存。

ARRANGE_1

## 青椒肉絲

以調味料與太白粉醃肉，所以肉質非常柔軟。醃漬湯汁就有充分的味道，非常簡單。

—

**材料**（2人份）

中華風味醬牛肉 ………… 全量
青椒 ………… 2個
竹筍(水煮熟的) ………… 150g
酒 ………… 2大匙

—

**作法**

1. 解凍中華風味醬牛肉。青椒與竹筍切成細絲。
2. 將牛肉連同湯汁放入平底鍋中於鍋中澆淋料酒，以小火炒至肉片變色。加入青椒與竹筍後大火拌炒1分鐘左右。

ARRANGE_2

## 生菜包牛肉

風味濃郁的牛肉，所以與生菜炸冬粉包在一起
仍非常有存在感。一邊動手包一邊享用，
讓餐桌的氣氛變得熱鬧也很不錯。

—

**材料**（2人份）

中華風味醬牛肉……………………… ½量
竹筍（水煮熟的）……………………… 75g
小番茄……………………………… 2個
炸油………………………………… 適量
冬粉………………………………… 20g
酒（也可以使用水）…………………2大匙
生菜葉……………………………… 8片

—

**作法**

1. 解凍中華風味醬牛肉。竹筍切成細絲。番茄對半切開，
2. 將沙拉油倒入平底鍋中，油量約3cm高，加熱至180℃，放入冬粉炸至冬粉酥脆後起鍋備用。（要注意油量如果過多，油很容易溢出來）。
3. 把平底鍋中的油清乾淨，牛肉連同湯汁放入鍋中，澆淋上料酒後以小火炒至肉片變色，加入竹筍稍微拌炒均勻。
4. 將步驟**3**以容器裝盛，佐以生菜葉、小番茄、步驟**2**。以生菜包妥材料後享用。

ARRANGE_3

## 中華風味醬牛肉佐蘿蔔

以微波爐烹煮的白蘿蔔佐以濃郁的肉芡，
是一道份量十足的菜色。
芡料中加了鴻禧菇，菇類的鮮味非常出色。

—

**材料**（2人份）

中華風味醬牛肉……………………… ½量
白蘿蔔……………………10cm（300g）
鴻禧菇……………………………… ½包
酒……………………………………2大匙
A｜太白粉…………………………1小匙
A｜水………………………………50ml
平葉巴西利………………………… 2根

—

**作法**

1. 解凍中華風味醬牛肉。白蘿蔔去皮後長度切半。鴻禧菇切除底部剝成小朵。
2. 將白蘿蔔放入耐熱容器中，加水至白蘿蔔高度的一半（份量外）以微波爐（600W）加熱7分鐘左右，上下翻面後繼續加熱7分鐘。（請小心不要燙到）
3. 牛肉連同湯汁放入鍋中，澆淋上料酒後以小火炒至肉片變色，加入鴻禧菇略炒均勻至鴻禧菇軟化，加入混合好的材料**A**勾芡。
4. 以容器裝盛瀝除多餘水分的白蘿蔔，淋上步驟**3**，以平葉巴西利裝飾。

• OBENTO •

# 使用冷凍常備庫存製作便當

想做出快速又色彩繽紛的便當菜色，冷凍常備庫存是可靠的好幫手。

MENU

## 薑汁醬油照燒青鮒魚 & YU 媽媽家的煎蛋卷便當

### YU 媽媽家的煎蛋卷

**材料**（2人份）

雞蛋……2個
A 高湯……2大匙
A 砂糖……2小匙
A 薄口醬油……1小匙
沙拉油……1又½大匙

**作法**

1. 將雞蛋打入缽盆中，加入材料**A**充分混合均勻。
2. 將1大匙沙拉油倒入平底鍋中，以大火加熱，倒入半量的蛋液以調理筷大大的攪動鍋中蛋液3次，一邊攪動一邊晃動平底鍋，讓鍋中蛋液均勻的流淌至鍋中各處，以調理筷將鍋中攤開的蛋從遠方朝自己的方向捲，捲成蛋卷後靠在離自己較遠那端的鍋子邊緣。
3. 使用沾滿沙拉油的廚房紙巾在平底鍋中均勻的塗上沙拉油，將剩下蛋液的半量再倒入鍋中，一樣從遠方朝自己的方向捲成蛋卷。最後倒入剩下的蛋液，重複剛才的手續。
4. 步驟**3**冷卻後，切成一口大小裝入便當中。

### 鹽昆布與毛豆仁飯

**材料**（1人份）

熱白飯……1碗
鹽昆布……5g
冷凍毛豆（解凍後從豆莢中取出）……60g

**作法**

將所有的材料放入缽盆中混合均勻，冷卻後裝入便當中。

**YU-MAMA COMMENT**

這是考慮到健康之後，組合了魚類、蔬菜、海藻、豆類而成的純和風便當。以魚類做為便當菜時，為了顧及享用時的便利性，使用去骨的魚排製作。

**薑汁醬油照燒青鮒魚**
（P66參照）

解凍¼的份量以相同方法烹調，裝入便當中。

**鹿尾菜五目雜煮**
（P76參照）

取1/12的份量以冷凍狀態裝入便當中。

**蓮藕紫蘇鹽漬**
（P79參照）

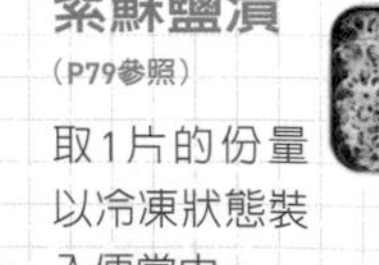

取1片的份量以冷凍狀態裝入便當中。

## YU-MAMA COMMENT

老公小孩都很喜歡的午餐便當。這是以小孩喜歡的菜色為主題，稍微豪華一點的組合。漢堡提前一天做好，只需要裝盒非常省事。如果都可以事先做好成常備菜就非常輕鬆。

MENU

# 薯泥照燒漢堡＆番茄炒飯便當

### 番茄炒飯

**材料**（1人份）

冷凍綜合蔬菜⑤（P15參照）… 50g
熱狗 … 1根
冷凍毛豆（帶豆莢）… 2個
橄欖油、番茄醬 … 各1又½大匙
蛋液 … 1個
熱白飯 … 1碗（180g）

—

**作法**

1 熱狗切成5mm厚圓片。冷凍毛豆解凍後自豆莢中取出。
2 將橄欖油1大匙放入平底鍋中以中火加熱，倒入蛋液大幅度攪拌做成炒蛋後取出備用。
3 將剩餘的橄欖油倒入步驟**2**的平底鍋中，以中火加熱，放入冷凍綜合蔬菜與香腸，炒熱冷凍蔬菜。放入番茄醬拌炒均勻後再加入白飯、炒蛋拌炒均勻。
4 待步驟**3**冷卻後裝入便當中，以毛豆裝飾。

### 薯泥照燒漢堡

（P56參照）

取¼的份量解凍，以相同方式製作後裝入便當中。

### 咖哩南瓜沙拉

（P83參照）

取1/10的份量以冷凍狀態裝入便當中。（也可以分成小份冷凍）

MENU

# 優格味噌醬豬肉生菜三明治便當盒

### 優格味噌醬豬肉生菜三明治

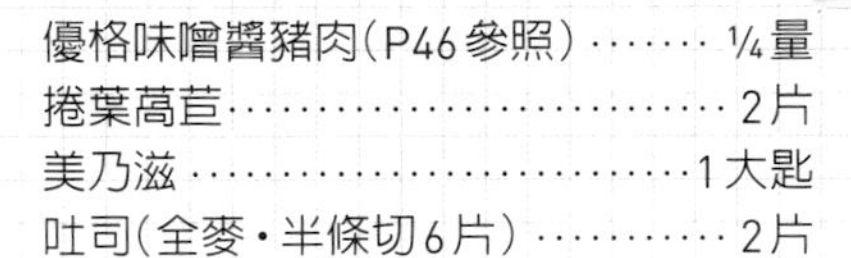

**材料**（1人份）

優格味噌醬豬肉（P46參照）… ¼量
捲葉萵苣 … 2片
美乃滋 … 1大匙
吐司（全麥・半條切6片）… 2片

—

**作法**

1 解凍優格味噌醬豬肉，以廚房紙巾將表面湯汁擦乾淨。攤放入平底鍋中，以小火加熱，雙面各煎4分鐘左右。
2 將捲葉萵苣剝成適當大小，以廚房紙巾擦乾水氣。
3 吐司單面均等塗上美乃滋，在1片吐司放上步驟**1**、**2**後再放上剩下的吐司夾妥。對半切開後放入便當盒中。

### 烤蘆筍油漬大蒜橄欖油

（P79參照）

取¼的份量解凍，裝入便當中。

## YU-MAMA COMMENT

試著用現在流行的咖啡廳風格，以野餐盒來裝三明治，簡單的肉片與生菜，就能組合出如同歐洲熟食店的美味三明治。希望明天天氣晴！

### 炒蛋

**材料**（1人份）

雞蛋 … 1個
A 牛奶 … 1大匙
A 鹽、胡椒 … 各少許
沙拉油 … ½大匙
番茄醬 … 適量

**作法**

1 將雞蛋打入缽盆中，加入材料**A**充分混合均勻。
2 沙拉油倒入平底鍋中，以大火加熱，倒入步驟**1**充分拌炒做成炒蛋。起鍋後放涼裝入便當中，淋上番茄醬。

## 漢堡餡

洋蔥冷凍之後就會軟化，
所以不經過炒熟的手續也沒問題！
這是非常省事的輕鬆漢堡餡。

**材料**（密封保存袋(中)1袋份）

豬牛混合絞肉……300g
洋蔥……½個
A 麵包粉……2大匙
A 太白粉、美乃滋……各1大匙
A 咖哩粉……1小匙
A 西式高湯粉……¼小匙

**作法**

1 洋蔥切末。
2 將步驟**1**與材料**A**、絞肉放入密封保存袋中。隔著袋子將袋中材料充分揉捏均勻，擠出袋中空氣後，攤平冷凍保存。

ARRANGE_1

## 薯泥照燒漢堡

有著巨大漢堡的外觀，裡面是調味過的薯泥。
雖然肉的份量不多，但是有照燒調味就非常下飯！

**材料**（2人份）

漢堡餡……½量
馬鈴薯……2個(200g)
西式高湯粉……½小匙
沙拉油……2小匙
A 砂糖……2大匙
A 醬油……2大匙
A 味醂……2大匙
生菜……3片
綠花椰菜(分成小朵燙熟)、小番茄(對半切開)各適量

**作法**

1 解凍漢堡餡，捏至產生黏性。
2 馬鈴薯去皮後切成一口大小，稍微浸泡後瀝乾水分。放入耐熱容器中加入2大匙水(份量外)，蓋上保鮮膜以微波爐(600W)加熱8分鐘左右。以叉子搗成泥，加入西式高湯粉混合均勻，分成2等分整形成3cm厚的扁圓形。
3 將半量步驟**1**攤平在手心，包入步驟**2**的薯泥餡，最後整形成扁圓型，剩下的材料也以同樣方式操作，共計製作2個。
4 將沙拉油倒入平底鍋中，以小火加熱，將步驟**3**並排放入鍋中，蓋上鍋蓋加熱5分鐘左右後，翻面蓋上鍋蓋，繼續加熱5分鐘。加入材料**A**煮至醬汁出現光澤。
5 將步驟**4**以鋪上生菜葉的器皿裝盛，佐以綠色花椰菜、小番茄，淋上鍋中剩下的湯汁。

ARRANGE_2

## 炸絞肉排slider

Slider是源自美國的一口迷你漢堡。
以圓麵包夾進炸絞肉排，就是一道café菜色！

—

**材料**（2人份）

漢堡餡……………………¼量
低筋麵粉……………………2大匙
蛋液……………………1個份
麵包粉、炸油……………………各適量
高麗菜（切絲）……………………2片
A｜番茄醬、中濃豬排醬、味醂……………各1大匙
A｜炒過的白芝麻……………………1小匙
圓麵包……………………2個

—

**作法**

1. 解凍漢堡餡，捏至產生黏性後。分成2等分整形成橢圓型，依序沾上低筋麵粉、蛋液、麵包粉做成麵衣。
2. 將沙拉油倒入鍋中，油量約5cm高，加熱至180℃，放入步驟**1**，炸4分鐘左右。
3. 將材料**A**放入耐熱容器中，蓋上保鮮膜，以微波加熱（600W）30～40秒左右。
4. 圓麵包橫切對半剖開，放入1個步驟**2**，半量的高麗菜絲以手捏緊之後放於其上，淋上半量的步驟**3**後蓋上麵包。剩下的材料也以同樣方式操作，共計製作2個。

ARRANGE_3

## 奶油煮高麗菜卷

加了麵包粉的漢堡餡，
所以不僅好操作、就算煮了也不會變形，
以牛奶做出溫柔的味道、療癒的一道料理。

—

**材料**（4個）

漢堡餡…………½量
高麗菜…………4片
A｜牛奶……300ml
A｜西式高湯粉　1小匙
奶油……………5g
胡椒……………少許
巴西利（切末）……適量

—

**作法**

1. 解凍漢堡餡，捏至產生黏性後。分成4等分整形成扁圓型。
2. 將高麗菜葉放入滾水中汆燙2分鐘左右後，瀝乾水分，以菜刀將菜梗的部分削平後冷卻備用。
3. 攤開1片高麗菜葉，將1個步驟**1**放在靠近自己的菜葉上，依照往前捲、左、右內折的順序朝外包妥，剩下的材料也以同樣方式操作，共計做成4卷。
4. 將捲好的高麗菜卷接口朝下放入較小的鍋子裡，沒有空隙的排整齊。步驟**2**中切下的高麗菜梗塞進空隙中塞好。加入材料**A**蓋上以鋁箔紙做成的落蓋，以小火燉煮30分鐘，不時撈乾淨湯汁浮沫，最後加入奶油與胡椒調味，連同湯汁裝盤，上桌前撒上巴西利末。

## 咖哩肉餡

在冷凍絞肉餡時，不要用手揉捏也很重要，
這樣就不會讓調味後的肉餡有乾柴的口感，
調理時也比較容易。

**材料**（密封保存袋(中)1袋份）

豬牛混合絞肉……300g

A
- 大蒜(切末)……2瓣
- 番茄醬……3大匙
- 中濃豬排醬……1大匙
- 咖哩粉……2小匙
- 西式高湯粉、沙拉油……各1小匙

**作法**

將絞肉放入密封保存袋中加入材料**A**攪拌均勻。擠出袋中空氣後密封，攤平冷凍保存。（要注意如果隔著袋子過度揉捏，加熱之後肉餡會鬆散）

ARRANGE_1

## 咖哩肉醬春卷

咖哩加上融化的起司，做成酥脆的春卷。
小點心般的菜色孩子們的接受度也很高，
餡料沒有湯汁，操作也很簡單。

**材料**（2人份）

咖哩肉餡……⅓量
春卷皮……4片
披薩用起司……80g
炸油……適量

**作法**

1. 將冷凍的咖哩肉餡放入平底鍋中，以中火加熱，使用木鍋鏟炒至肉餡鬆散約8分鐘左右，稍微降溫。
2. 攤開1張春卷皮，將步驟**1**與披薩用起司各¼份量疊放在春卷皮上。將兩端朝中央折捲成春卷。剩下的材料也以同樣方式操作，共計做成4卷。
3. 將沙拉油倒入鍋中，油量約5cm高，加熱至180℃，放入步驟**2**，雙面炸至金黃酥脆。

ARRANGE_2

## 咖哩肉醬麵包

攝影時大家都說『好吃！』的自信傑作。
為了不讓肉餡散出麵包外，麵包開口請注意壓緊

—

**材料**（2人份）

咖哩肉餡……………………………………⅓份量
吐司（三明治用）………………………………4片
A｜美乃滋、芥末子醬……………………各2小匙
B｜雞蛋……………………………………………1個
　｜低筋麵粉、水…………………………各2大匙
麵包粉、炸油、巴西利……………………各適量

—

**作法**

1. 將冷凍的咖哩肉餡放入平底鍋中，以中火加熱，使用木鍋鏟炒至肉餡鬆散約8分鐘左右。
2. 在2片麵包塗上混合均勻的材料**A**，每片吐司各放上半量的步驟**1**之後以剩下的吐司蓋上去夾好，以筷子將麵包的四個邊確實壓緊。
3. 將材料**B**混合均勻後放入調理盤中，放入步驟**2**均勻沾上混合好的材料**B**後均勻撒上麵包粉。
4. 將炸油放入平底鍋中，油量約2cm高以中火加熱，放入1個準備好的步驟**3**，炸至雙面金黃。剩下的材料也以同樣方式操作，共計製作2個。對半切開後以容器裝盛，撒上巴西利。

ARRANGE_3

## 焗烤起司咖哩肉醬飯

僅是將剩飯加上絞肉餡放上起司，
就是受孩子們歡迎的咖哩焗飯，
份量作多一點也可以用來當作聚會時的菜色。

—

**材料**（10×5×3cm耐熱容器・1個）

咖哩肉餡……………………………………½份量
熱白飯……………………………………2碗飯碗
披薩用起司……………………………………60g

—

**作法**

1. 將冷凍的咖哩肉餡放入平底鍋中，以中火加熱，使用木鍋鏟炒至肉餡鬆散約8分鐘左右。
2. 將白飯放入耐熱容器中攤平，將步驟**1**均勻攤放在白飯上，撒上披薩用起司，以烤箱（1000W）烤10分鐘左右。

冷凍4週間 冷藏3日間

## 麻婆肉餡

以辛香料與中華風調味，帶來強烈的味覺。
請當作『簡易中華風調味包』使用喔～

**材料**（密封保存袋（中）1袋份）

豬牛混合絞肉……250g
大蔥……½根
A
甜麵醬……2大匙
醬油、酒……各2大匙
砂糖、雞高湯粉、太白粉……各1小匙
蒜泥（市售軟管）……½小匙
薑泥（市售軟管）……¼小匙
豆瓣醬（依照喜好）……適量

**作法**

1 大蔥切成末。
2 將步驟1與絞肉放入密封保存袋中加入材料A以筷子將袋中材料充分混合均勻，擠出袋中空氣後，攤平冷凍保存。（要注意如果隔著袋子過度揉捏，加熱之後肉餡會鬆散）

ARRANGE_1

## 麻婆豆腐

絞肉確實拌炒過去除肉腥味帶出肉類的鮮味。
喜歡吃辣的人可以淋上辣油之後再享用。

—

**材料**（2人份）

麻婆肉餡……½量
絹豆腐……1塊
A
水……1杯
甜麵醬……1大匙
B
太白粉……1大匙
水……2大匙
青蔥（切末）……½根
辣油、山椒粉（各依照喜好）……各適量

—

**作法**

1 豆腐切成2cm小塊。
2 將豆腐放入耐熱容器中蓋上保鮮膜，以微波爐（600W）加熱2分鐘左右。瀝乾水分。
3 將胡麻油（材料表外）放入鍋中，以小火加熱，放入冷凍的麻婆肉餡炒至脂肪變透明的顏色。放入材料A與步驟2煮5分鐘左右後，加入混合均勻的材料B勾芡。起鍋後撒上青蔥花，依照喜好加上辣油與山椒粉。

ARRANGE_2

## 糖醋麻婆肉丸子

僅需將麻婆肉餡做成肉丸子炸過而已，
就是一道色香味俱全的正統中華料理。
麻婆風味的肉丸子也深受家人好評。

—

**材料**（2人份）

麻婆肉餡⋯⋯⋯全量
炸油⋯⋯⋯⋯⋯適量
青椒⋯⋯⋯⋯⋯⋯1個
甜椒（黃）⋯⋯⋯½個
洋蔥⋯⋯⋯⋯⋯¼個
鵪鶉蛋（水煮・市售）
⋯⋯⋯⋯⋯⋯6個
胡麻油⋯⋯⋯⋯1大匙
A
砂糖、醋 各3大匙
醬油⋯⋯⋯1大匙
太白粉⋯⋯1大匙
水⋯⋯⋯⋯100ml

—

**作法**

1 解凍麻婆肉餡，輕捏成12等分的丸子狀。將沙拉油倒入鍋中，油量約5cm高，加熱至170℃，放入肉丸子油炸5分鐘左右。
2 將青椒、甜椒、洋蔥切成2cm小塊。
3 將胡麻油倒入平底鍋中以大火加熱，放入步驟**2**與蔬菜拌炒1分鐘左右後起鍋。以同一個平底鍋放入材料**A**以小火加熱，攪拌均勻勾芡，最後放入肉丸子、蔬菜與鵪鶉蛋拌炒均勻。

ARRANGE_3

## 微辣麻婆馬鈴薯燉肉

以味醂補足甜味，雖然帶點辣但依舊是和風的風味。
將我們熟悉的馬鈴薯燉肉變身成中華料理。

—

**材料**（2人份）

麻婆肉餡⋯⋯⋯½量
馬鈴薯⋯⋯⋯⋯2個
胡蘿蔔⋯⋯⋯⋯½條
洋蔥⋯⋯⋯⋯⋯½個
蒟蒻絲⋯⋯⋯⋯½包
胡麻油⋯⋯⋯⋯1大匙
A
味醂⋯⋯⋯2大匙
和風高湯粉 1小匙
水⋯⋯⋯⋯300ml
青蔥（切末）⋯⋯½根
辣油、山椒粉（依照喜好）⋯⋯各適量

—

**作法**

1 將馬鈴薯、胡蘿蔔切成一口大小，馬鈴薯泡水後瀝乾。洋蔥切成月牙形，蒟蒻絲切成5cm長。
2 將冷凍的麻婆肉餡、胡麻油放入鍋中，以小火加熱拌炒至肉末變色，放入蒟蒻絲拌炒至水分蒸發約3分鐘左右。
3 將馬鈴薯、胡蘿蔔、洋蔥，以及材料**A**放入鍋中以大火加熱，湯汁滾後轉小火蓋上落蓋，不時撈除浮沫煮20分鐘左右。以容器裝盛撒上青蔥末，依照喜好添加辣油與山椒粉。

## 味噌雞肉餡

以簡單的味噌調味、
不論是和風或是異國料理變化的範圍廣闊。

**材料**（密封保存袋（中）1袋份）

雞絞肉……300g

A
- 味噌、醬油、酒……各1大匙
- 味醂……2大匙
- 薑泥（市售軟管）……少許

**作法**

將絞肉放入密封保存袋中加入材料**A**以筷子將袋中材料充分混合均勻，擠出袋中空氣後，攤平冷凍保存。（要注意如果隔著袋子過度揉捏，加熱之後肉餡會鬆散）

ARRANGE_1

## 3色雞鬆飯

令人放鬆的味噌雞肉鬆，加上炒蛋的組合，
一定不會失敗的好滋味！
隨手就能做好的美味，當作便當菜色也很方便。

—

**材料**（2人份）

味噌雞肉餡……⅓量
水……1大匙
豌豆莢……10個
沙拉油……1大匙

A
- 雞蛋……2個
- 和風醬油（2倍濃縮）……1大匙

熱白飯……飯碗2碗

—

**作法**

1. 將冷凍的味噌雞肉餡與份量中的水放入平底鍋中，以小火加熱，煮至肉湯變透明後起鍋。
2. 豌豆莢以加了少許鹽巴（份量外）的熱水汆燙30秒後浸泡在冰水中降溫，斜切成細絲，以廚房紙巾擦乾水氣。
3. 將沙拉油倒入平底鍋中，以中火加熱倒入混合均勻的材料**A**，以筷子拌炒，炒成小顆粒的蛋鬆。
4. 以容器裝飯，將步驟**1**、**2**、**3**配色漂亮的等分放在飯上。

ARRANGE_2

## 味噌雞鬆白蘿蔔生春卷佐花生蘸醬

味噌雞鬆出乎意料的也很適合做成生春卷。
加上非常推薦的蘸醬，
這是我個人很喜歡的一道菜色。

—

**材料**（2人份）

|  |  |
|---|---|
| 味噌雞肉餡 | ⅓量 |
| 胡麻油 | 2小匙 |
| 水 | 1大匙 |
| 白蘿蔔 | 2cm(50g) |
| 胡蘿蔔 | ⅓條 |
| 捲葉萵苣 | 2片 |
| 黃豆芽 | ⅓袋 |
| 生春卷皮 | 4片 |
| A 花生醬(無糖) | 1大匙 |
| A 砂糖 | 1大匙 |
| A 醋 | 2小匙 |
| A 味噌 | 1小匙 |
| A 醬油 | 1小匙 |
| A 辣油 | 少許 |

—

**作法**

1. 胡麻油放入平底鍋中，將冷凍的味噌雞肉餡與份量中的水放入鍋中，以小火加熱，拌炒至肉汁透明後起鍋。
2. 將紅白蘿蔔切絲，捲葉萵苣剝小片。黃豆芽以熱水汆燙30秒左右，置於網篩上放涼，擰乾水氣備用。
3. 將1片生春卷皮稍微漂水後放在砧板上，在靠近自己的地方放上¼份量的步驟**1**、**2**，將左右兩端朝內折後捲好。剩下的材料也以同樣方式操作，共計製作4捲，切成便於享用的大小後盛盤，佐以混合均勻的材料**A**享用。

ARRANGE_3

## 雞鬆芡佐煮里芋

帶有薑汁風味雞肉鬆的里芋。
黏滑的口感怎麼吃也不膩
這是記憶裡從昔日便存在的味道。

—

**材料**（2人份）

|  |  |
|---|---|
| 味噌雞肉餡 | ⅓量 |
| 里芋 | 4個 |
| 胡麻油 | 2小匙 |
| 水 | 1大匙 |
| A 砂糖 | 1大匙 |
| A 和風高湯粉 | ½小匙 |
| A 水 | 300ml |
| B 太白粉 | 1大匙 |
| B 水 | 2大匙 |
| 青蔥 | 1根 |

—

**作法**

1. 里芋去皮切成一口大小後撒上適量的鹽（份量外），充分搓去表面黏液後以水洗淨。
2. 胡麻油放入平底鍋中，將冷凍的味噌雞肉餡與份量中的水放入鍋中，以小火加熱，拌炒至肉汁透明。
3. 將里芋、材料**A**放入鍋中以大火加熱，湯汁滾後轉小火撈除浮沫繼續煮20分鐘，加入混合好的材料**B**勾芡。以容器裝盛撒上青蔥花。

冷凍4週間　冷藏3日間

## 餃子餡

除了拿來包餃子以外也有很多用途。
請注意要確實的擰乾蔬菜的水分，味道才不會變淡。

**材料**（密封保存袋(中)1袋份）

豬絞肉 … 200g
韭菜 …… 1把
高麗菜 … 1/6個
鹽 …… 1/3小匙

A
- 太白粉 …… 2大匙
- 醬油、胡麻油 …… 各1大匙
- 蒜泥(市售軟管) …… 1小匙
- 薑泥(市售軟管) …… 1/2小匙

**作法**

1. 將韭菜、高麗菜切末放入塑膠袋中，加入鹽將塑膠袋封口後隔著袋子輕輕揉捏後擰乾水分。
2. 將絞肉放入密封保存袋中加入步驟**1**與材料**A**以筷子將袋中材料充分混合均勻，擠出袋中空氣後，攤平冷凍保存。（要注意如果隔著袋子過度揉捏，加熱之後肉餡會鬆散）

ARRANGE_1

## 酥脆煎餃

如果有肉餡的話，包水餃就很輕鬆！
若有時間，可以先把餃子包好冷凍。
直接以冷凍的狀態就可以下鍋。

—

**材料**（使用直徑18cm平底鍋‧12個）

餃子餡 …… 1/2份量
餃子皮 …… 12片
胡麻油 …… 2大匙
水 …… 150ml

A
- 醬油 …… 1大匙
- 醋 …… 1/2大匙
- 辣油、炒過的白芝麻 …… 各少許

—

**作法**

1. 解凍餃子餡，捏至產生黏性。分成12等分後放在水餃皮中央，餃子皮邊緣沾上水(份量外)包成餃子。
2. 將胡麻油倒入平底鍋中，以中火加熱，將步驟**1**並排在鍋中，從鍋子邊緣加入份量中的水，蓋上鍋蓋以蒸煎的方式加熱5分鐘。打開鍋蓋煎至表面上色。
3. 將步驟**2**以容器裝盛，佐以混合均勻的材料**A**享用。

ARRANGE_2

## 肉丸子冬粉蛋花湯

吸收了肉餡釋放出的鮮味與蔬菜香氣的冬粉非常好吃！
這是可以當作一道菜，材料多多的湯品。

—

**材料**（2人份）

| | |
|---|---|
| 餃子餡 | ¼份量 |
| 冬粉 | 20g |
| 韭菜 | ⅛束 |
| A 雞湯粉 | 1大匙 |
| A 水 | 300ml |
| 黃豆芽 | ⅙包 |
| 蛋液 | 1個份 |
| 辣油、炒過的白芝麻 | 各少許 |

—

**作法**

1. 解凍餃子餡，捏至產生黏性。分成4等分後捏成丸子。
2. 冬粉浸泡熱水還原，擰乾水分之後長度對半切。韭菜切成3cm小段。
3. 將材料**A**放入鍋中以大火加熱，湯滾後轉小火，放入步驟**1**煮5分鐘左右，放入步驟**2**與黃豆芽繼續煮2分鐘左右。將蛋液均勻到入鍋中煮30秒左右熄火。
4. 以容器裝盛，淋上辣油與炒過的白芝麻。

ARRANGE_3

## 餃子風味炒米粉

嚐起來充滿辛香料的絞肉風味，
用來炒麵，
不只美味更具有豐富的口感。

—

**材料**（4人份）

| | |
|---|---|
| 餃子餡 | ⅓份量 |
| 米粉 | 140g |
| 洋蔥 | ½個 |
| 青椒 | 2個 |
| 胡蘿蔔 | ⅓條 |
| 胡麻油 | 2大匙 |
| 醬油 | 1小匙 |
| 生菜、青蔥(切末) | 各適量 |

—

**作法**

1. 米粉淋過熱水還原。瀝乾水分。洋蔥切絲，青椒、胡蘿蔔切細絲。
2. 將胡麻油倒入平底鍋中，直接放入冷凍的餃子餡以中火加熱，拌炒至鍋中肉餡變色，放入洋蔥、青椒、胡蘿蔔炒至蔬菜軟化。放入米粉，拌炒均勻，最後加入醬油調味。將米粉以鋪上生菜的容器裝盛，最後撒上蔥末。

冷凍4週間

## 生薑醬油漬青鮒魚

魚排的冷凍庫存，希望冰箱中都能準備。
最基本的調味。使用新鮮鮭魚或旗魚也很適合。

**材料**（密封保存袋(中)1袋份）

青鮒魚排……4片
生薑……1塊
A 醬油……3大匙
A 味醂……2大匙
A 砂糖……1大匙
A 酒……1大匙

**作法**

1 生薑切薄片。
2 將青鮒魚不重疊放入密封保存袋中，放入步驟1與混合均勻的材料A，讓魚排都能浸泡在湯汁裡。擠出袋中空氣後，攤平冷凍保存

ARRANGE_1

## 薑汁醬油照燒青鮒魚

為了讓顏色有光澤。加入蜂蜜是調理的訣竅。
要注意避免烤過頭讓青鮒魚肉質變得乾柴。

—

**材料**（2人份）

生薑醬油漬青鮒魚……½量
沙拉油……2小匙
蜂蜜……1大匙
三葉菜……適量

—

**作法**

1 解凍生薑醬油漬青鮒魚，將湯汁與魚排分開。
2 將沙拉油倒入平底鍋中，以小火加熱，放入青鮒魚雙面各煎3分鐘。將蜂蜜與湯汁混合均勻後加入鍋中，加熱至產生光澤。以容器裝盛佐以三葉菜。

ARRANGE_2

## 超入味青鮒魚煮白蘿蔔

白蘿蔔先微波後再煮可以大幅縮短烹調時間。
青鮒魚有濃郁的薑味，一點都不會腥。

—

**材料**（2人份）

生薑醬油漬青鮒魚……………………………½量
白蘿蔔……………………………………¼條（200g）
沙拉油………………………………………2小匙
A 砂糖………………………………………2大匙
A 醬油………………………………………1大匙
A 熱水………………………………………50ml
三葉菜………………………………………適量

—

**作法**

1 解凍生薑醬油漬青鮒魚，對半切塊，以廚房紙巾擦去表面湯汁。將湯汁與生薑另外取出備用。
2 白蘿蔔切成2cm厚的¼圓片，放入耐熱容器中，加水（份量外）至白蘿蔔一半高度，蓋上保鮮膜，以微波爐（600 W）加熱6分鐘左右，上下翻面後繼續以微波爐（600 W）加熱6分鐘左右。
3 將沙拉油倒入鍋中，以中火加熱，放入青鮒魚煎至雙面變色後放入步驟**2**、材料**A**與步驟**1**中的湯汁與生薑，蓋上落蓋煮8分鐘左右離火。直接靜置放涼，讓材料入味。享用前稍微加熱。以容器裝盛，佐以三葉菜。

ARRANGE_3

## 炸青鮒魚排

已經去骨的魚肉片，就算炸成魚排也很方便享用。除了可以搭配放了洋蔥的美乃滋外，單純佐以檸檬汁也很美味。

—

**材料**（2人份）

生薑醬油漬青鮒魚……………………………½量
低筋麵粉……………………………………4大匙
蛋液…………………………………………1個份
麵包粉、炸油………………………………適量
洋蔥…………………………………………¼個
A 美乃滋……………………………………3大匙
A 糖、醋……………………………………各1小匙
檸檬（切片）、小番茄（切成月牙形）、
巴西利（切碎）……………………………各適量

—

**作法**

1 解凍生薑醬油漬青鮒魚，對半切塊，以廚房紙巾擦去表面湯汁。依序裹上低筋麵粉、蛋液、麵包粉製作麵衣。
2 將沙拉油倒入鍋中，油量約5cm高，加熱至180℃，放入步驟**1**，油炸4分鐘左右。
3 洋蔥切末泡水，擰乾水分之後與步驟**A**混合均勻。
4 將步驟**2**裝盤，淋上步驟**3**，佐以檸檬片、小番茄，撒上巴西利。

冷凍4週間

## 橄欖油鹽漬鮭魚

淋上橄欖油之後冷凍，確保了肉質的鮮度。
樸素的味道，應用的範圍非常廣。

**材料**（密封保存袋（中）1袋份）

新鮮鮭魚排……4片

A
- 橄欖油……1大匙
- 鹽……1小匙
- 胡椒……少許

**作法**

將鮭魚不重疊放入密封保存袋中，放入混合均勻的材料**A**，讓魚排都能浸泡在橄欖油料裡。擠出袋中空氣後，攤平冷凍保存

ARRANGE_1

## 炸鮭魚排漬南蠻美乃滋

將鮭魚解凍後的水份擦乾，
搭配酸甜的醬汁，
大家都喜愛加了美乃滋的南蠻風味\(^。^)ノ

—

**材料**（2人份）

橄欖油鹽漬鮭魚……½量
太白粉……1大匙
炸油……適量
洋蔥……⅛個
青椒……1個
甜椒(紅)……¼個
胡麻油……1大匙

A
- 生薑(切絲)……1塊
- 砂糖、醋……各2大匙
- 醬油……1又½大匙

美乃滋……適量

—

**作法**

1. 解凍橄欖油鹽漬鮭魚，以廚房紙巾擦去表面湯汁，撒上太白粉。
2. 將沙拉油倒入鍋中，油量約2cm高，加熱至180℃，放入步驟**1**，雙面各油炸3分鐘左右。
3. 洋蔥、青椒、甜椒切絲。
4. 將胡麻油倒入平底鍋中，以中火加熱放入步驟**3**拌炒1分鐘左右，放入材料**A**煮滾之後熄火，加入步驟**2**。
5. 將步驟**4**以容器裝盛，淋上美乃滋以及步驟**4**的蔬菜與醬汁。

ARRANGE_2

## 紙包鮮菇鮭魚

將鴻禧菇、金針菇、奶油的美味包起來，
以小火蒸烤，
就是讓鮭魚鮮美多汁的秘訣！

—

**材料**（2人份）

| | |
|---|---|
| 橄欖油鹽漬鮭魚 | ½量 |
| 鴻禧菇、金針菇 | 各½包 |
| 洋蔥 | ¼個 |
| 酒 | 2大匙 |
| 奶油 | 2小匙 |
| 檸檬（切成¼圓片） | 4小片 |
| 香葉芹 | 適量 |

—

**作法**

1. 解凍橄欖油鹽漬鮭魚。鴻禧菇切除底部後剝成小朵，金針菇切除底部後剝開，洋蔥切絲。
2. 取20cm正方的烘焙紙攤開，將1片鮭魚放在中央，平均放入鴻禧菇、金針菇、洋蔥，酒1大匙、奶油1小匙將兩端扭緊後包妥。剩下的材料也以同樣方式包妥，共計製作2個。
3. 將步驟**2**放入平底鍋中，蓋上鍋蓋以小火蒸烤15分鐘左右 。打開烘焙紙放入檸檬與香葉芹。

ARRANGE_3

## 小烤箱烤起司麵包粉鮭魚

鮭魚加上帕梅善起司，
烘烤出單純的美味，
沒有比這個更簡單的作法了！

—

**材料**（2人份）

| | |
|---|---|
| 橄欖油鹽漬鮭魚 | ½量 |
| 麵包粉 | 2大匙 |
| 橄欖油 | 2小匙 |
| 帕梅善起司粉 | 4小匙 |
| 巴西利（切末） | 適量 |
| 檸檬（切成月牙形） | ¼個 |

—

**作法**

1. 解凍橄欖油鹽漬鮭魚，以廚房紙巾擦去表面湯汁，裹上太白粉。
2. 以鋁箔紙鋪在烤盤上，放入鮭魚撒上麵包粉，以手輕壓讓麵包粉附著在鮭魚上，平均淋上橄欖油、帕梅善起司。以小烤箱（1000W）烤13分鐘左右
3. 將步驟**2**以容器裝盛，撒上巴西利佐以檸檬。

冷凍4週間

## 番茄汁漬鮮蝦

非常容易做成西式料理的番茄調味，
推薦以流水解凍或置於冷藏室解凍。

**材料**（密封保存袋（中）1袋份）

帶殼鮮蝦……18尾

A | 鹽、太白粉、酒……各1小匙

B | 番茄汁（含鹽）……4大匙
酒……1大匙
西式高湯粉、橄欖油……各1小匙
蒜泥（市售軟管）……½小匙
胡椒……少許

**作法**

1 蝦子去殼去除泥腸，放入缽盆中加入材料A揉勻後以水洗淨。以廚房紙巾擦乾表面水分。
2 材料B與蝦仁放入密封保存袋中，隔著袋子輕輕揉搓混合，擠出袋中空氣後，攤平冷凍保存。

ARRANGE_1

## 義式甜椒蝦仁

番茄與鮮蝦絕佳的搭配，
簡單炒就能成為出色的配菜，
不僅顏色漂亮更美味。

—

**材料**（2人份）

番茄汁漬鮮蝦……½量
甜椒（紅）……1個
檸檬汁……1小匙
橄欖油……½大匙
乾燥巴西利……1小匙
粗粒黑胡椒、香葉芹……各適量

—

**作法**

1 解凍番茄汁漬鮮蝦。
2 甜椒切成細長條狀。
3 將步驟1連同湯汁放入平底鍋中，以中火加熱。加熱至蝦仁變色約3分鐘左右，加入甜椒稍微拌炒。
4 以容器裝盛步驟3，淋上檸檬汁、橄欖油、乾燥的巴西利與粗粒黑胡椒，最後以香葉芹裝飾。

ARRANGE_2

## 番茄鮮蝦奶油湯

冷凍後的番茄汁漬鮮蝦不需要長時間加熱，
就有非常棒的滋味，
不輸給外面餐廳喔。

—

**材料**（2人份）

番茄汁漬鮮蝦 …… ½量
洋蔥 …… ¼個
奶油 …… 10g
牛奶 …… 300ml
鹽、胡椒 …… 各適量
法國麵包 …… 1cm厚2片
乾燥巴西利 …… 適量

—

**作法**

1 洋蔥切末。
2 將奶油放入鍋中以中火加熱，放入洋蔥炒至洋蔥軟化，放入番茄汁漬鮮蝦、牛奶。以小火加熱撈除浮沫，煮至鮮蝦變色後，以鹽、胡椒調味。
3 將步驟**3**以容器裝盛，享用前佐以烤過的法國麵包，撒上乾燥巴西利。

# YU媽媽家冷凍簡單做甜點

甜點多做一點冷凍庫存起來，孩子們每天的點心製作就會很輕鬆。

## 杏仁冰盒餅乾（icebox cookie）

僅需切下想吃的份量放進烤箱烤，就可以享受剛出爐的酥脆。
也可以使用巧克力等取代杏仁，請多嘗試一些自己喜歡的口味

**材料**（15×2×2cm，2條份。30片）

- 無鹽奶油……100g
- 糖粉……75g
- 蛋黃（L size）……1個份
- 低筋麵粉……190g
- 杏仁片……30g

**事前準備**

- 奶油置於室溫回軟
- 烤盤鋪上烘焙紙
- 烤箱預熱180℃
- 杏仁片以平底鍋炒香

**作法**

1. 將奶油、糖粉放入缽盆中以攪拌器充分混合均勻後加入蛋黃繼續混合均勻。篩入低筋麵粉，以橡皮刮刀攪拌至材料鬆散。加入杏仁片繼續混合至粉類材料消失（杏仁片容易破碎請小心攪拌）。
2. 將步驟**1**分成2等分，整形成2cm正方，15cm長的長條狀，以保鮮膜包妥後置於冷藏室1個鐘頭冷卻。
3. 取下步驟**2**的保鮮膜，切成1cm厚片狀，切口朝上排放在烤盤中，以180℃預熱的烤箱烤22分鐘左右。

**冷凍訣竅**

以保鮮膜包妥的麵團可以冷凍保存4週。烤之前請置於冷藏室解凍後再切分。急需使用時以常溫半解凍後，為了避免奶油過軟，請再放回冷藏室中冷卻後再行切分。

## 起司條蛋糕

僅需將材料混合均勻即可完成。非常推薦初次挑戰起司蛋糕的朋友嘗試。
在室溫下慢慢解凍的話，烤好的蛋糕起司的風味會非常溫潤。

**材料**（12×9×4cm磅蛋糕烤模・1個）

奶油起司……………………200g
細白砂糖……………………50g
雞蛋（L size打成蛋液）……1個份
鮮奶油……………………150ml
檸檬汁……………………10ml
太白粉……………………10g

**事前準備**

- 奶油起司置於常溫下軟化
- 將烤模鋪上烘焙紙
- 烤箱預熱140℃

**作法**

1 將奶油起司、細白砂糖放入缽盆中以攪拌器充分混合均勻。依序加入蛋液、鮮奶油、檸檬汁、太白粉。每放入一樣材料也請攪拌均勻後再放入另一項材料。

2 將步驟1放入烤模中，置於烤盤上於烤盤內加入150cc水（份量外），放入預熱140℃的烤箱中，烤50分鐘。稍微降溫後自烤模中脫膜。完全冷卻後剝除烘焙紙切分成4等分。

**冷凍訣竅**

為了不讓蛋糕黏在一起，請將烘焙紙杯以1片為單位，裝好放入密封容器中，便於拿取。可以冷凍保存4週，享用時置於冷藏室解凍即可。

## 以鬆餅預拌粉製作香蕉巧克力馬芬

以鬆餅預拌粉製作當然非常輕鬆！添加了香蕉讓成品保持濕潤感。
就算是外皮變黑的香蕉也會非常美味。

**材料**（直徑6cm×高度6cm馬芬紙杯5個份）

奶油（無鹽）……………… 100g
砂糖……………………… 50g
香蕉（熟透的）……… 1根（100g）
雞蛋（L size）……………… 2個
鬆餅預拌粉 ………………… 150g
板狀巧克力（黑巧克力）‥1片（50g）

**事前準備**

・奶油置於室溫回軟
・烤箱預熱180℃

**作法**

1. 將奶油、砂糖放入缽盆中以攪拌器充分混合均勻。香蕉剝成一口大小以攪拌器搗成泥，與其他材料混合至滑順。打入雞蛋繼續混合均勻，加入鬆餅粉以攪拌器混合至粉類材料消失。
2. 板狀巧克力剝成小塊。
3. 將攪拌好的步驟**1**平均倒入馬芬杯中，均等的埋入步驟**2**，以180℃預熱烤箱烤18分鐘左右。

**冷凍訣竅**

請個別以保鮮膜包妥後放入密封袋中冷凍。以冷凍保存可保存4週。享用時直接以包著保鮮膜的狀態個別以微波爐（600W）加熱50秒左右，稍微降溫後剝除保鮮膜享用。

## 當作便當菜也很棒！

# 可以冷凍保存的配菜們

在製作便當或者餐桌上菜色稍嫌不足時，
馬上就可以上桌的冷凍配菜庫存。
需要燙過的蔬菜，稍微燙的硬一點。
新鮮的蔬菜，揉鹽後確實擰乾水分再冷凍。
這些都是在解凍之後依舊可以保有蔬菜美味的秘訣。
當然也很推薦以冷藏保存喔！

冷凍保存參考期間……**4**週
冷藏保存參考時間……**3~5**日

## 中華風微辣乾蘿蔔絲

爽脆的口感辣中帶甜的酸味，
是一道最適合用於清口的便當菜。

冷凍…4週間
冷藏…5日間

**材料**（容易操作的份量）

乾蘿蔔絲……30g
小黃瓜……1條
胡蘿蔔……⅓條
鹽……少許

A
- 砂糖……3大匙
- 醋……2大匙
- 醬油……1大匙
- 炒過的白芝麻……2小匙
- 胡麻油……1小匙
- 辣油……少許

**作法**

1 乾蘿蔔絲以大量的水浸泡15分鐘還原後，擰乾水分切成3cm左右長。

2 小黃瓜縱切對半後切成5cm長斜片，胡蘿蔔切成5cm細絲。

3 取另一缽盆將材料**A**混合均勻，放入步驟**1**、**2**，稍微瀝乾後放入乾淨的保存容器中放涼，冷凍保存。

**解凍法● P11以常溫解凍、微波爐解凍、冷藏解凍均可。**

## 醋漬紅白蘿蔔

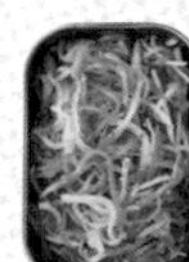

我們家的常備料理！
不會太酸就像沙拉一樣，
一次可以吃掉很多喔！

冷凍…4週間
冷藏…5日間

**材料**（容易操作的份量）

胡蘿蔔……½條
白蘿蔔……⅛條
鹽……⅓小匙

A
- 砂糖……3大匙
- 醋……2大匙
- 炒過的白芝麻……1大匙

**作法**

1 紅蘿蔔、白蘿蔔切細絲，個別放入不同的缽盆中撒上少許鹽靜置5分鐘左右，待軟化出水後擰乾水分。

2 取另一缽盆放入材料**A**混合均勻，加入步驟**1**，稍微瀝乾後放入乾淨的保存容器中放涼，冷凍保存。

**解凍法● P11以常溫解凍、微波爐解凍、冷藏解凍均可。**

## 鹽蔥大蒜拌秋葵

這是一道可以補充元氣的配菜。
冷凍時大蒜的香氣也不會消失，
冷凍後會變軟可依喜好調整調味料的份量。

冷凍…4週間
冷藏…3日間

**材料**（容易操作的份量）

秋葵……10根

A
- 大蔥……½根
- 蒜泥(市售軟管)……½小匙
- 胡麻油……2大匙
- 鹽、雞高湯粉……各⅓小匙
- 胡椒……少許

**作法**

1 秋葵以熱水汆燙1分鐘左右，浸泡冰水降溫，以廚房紙巾擦乾，切落蒂頭後斜切對半，材料**A**中的大蔥切末。

2 將材料**A**放入缽盆中混合均勻，加入秋葵混合均勻。放入乾淨的保存容器中放涼，冷凍保存。

**解凍法● P11以常溫解凍、微波爐解凍、冷藏解凍均可。**

## 雜煮鹿尾菜

營養豐富也可以放入煎蛋或肉丸子中，
這也是一道孩子們都很喜歡的菜色。

冷凍…4週間
冷藏…5日間

**材料**（容易操作的份量）

芽鹿尾菜……25g
油豆腐皮……1片
胡蘿蔔……¼條
竹輪……2條
冷凍毛豆(帶殼)……50g
胡麻油……1大匙

A
- 砂糖……4大匙
- 醬油……3大匙
- 味醂……1大匙
- 和風高湯粉……1小匙
- 水……300ml

**作法**

1 鹿尾菜以大量水浸泡還原，瀝乾水氣。油豆腐皮以熱水澆淋去油，切成1cm正方。胡蘿蔔切成1cm正方小丁。竹輪切成5mm寬小塊。毛豆解凍後自豆莢取出。

2 將胡麻油到入鍋中以中火加熱，放入鹿尾菜芽拌炒2分鐘左右後放入油豆腐皮、胡蘿蔔、竹輪繼續拌炒2分鐘左右，加入材料**A**撈除浮沫後以小火煮20分鐘左右，略略瀝除湯汁放入乾淨的保存容器中放涼，冷凍保存。

**解凍法● P11以常溫解凍、微波爐解凍、冷藏解凍均可。**

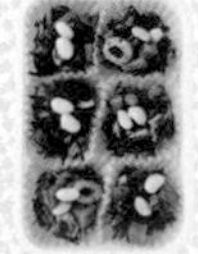

## 菠菜拌花生芝麻醬

就算是平時吃慣了的芝麻醬，
加了花生之後，
就會有特別濃郁的風味。

冷凍…4週間
冷藏…3日間

—

**材料**（容易操作的份量）

菠菜……2把

A
- 花生（切碎）……2大匙
- 白芝麻醬、砂糖、醬油……各1大匙
- 和風高湯粉……少許

—

**作法**

1. 菠菜以熱水汆燙20秒後以冰水降溫，確實擰乾水分後切除根部，切成5cm長。
2. 將材料**A**放入缽盆中混合均勻後放入步驟**1**。放入乾淨的保存容器中放涼，冷凍保存。

**解凍法●** **P11****以常溫解凍、微波爐解凍、冷藏解凍均可。**

## 大蒜橄欖油漬烤蘆筍

為了在冷凍之後也很美味，
請將蘆筍加熱至好像覺得還有點硬的程度
是操作關鍵。

冷凍…4週間
冷藏…3日間

—

**材料**（容易操作的份量）

蘆筍……4根
大蒜……2瓣
橄欖油……2大匙
鹽……⅓小匙
粗粒黑胡椒……少許

—

**作法**

1. 蘆筍切除底部較硬的部位後，長度對半切。大蒜切成2mm薄片。
2. 將橄欖油倒入平底鍋中，放入大蒜、蘆筍以小火不時拌炒加熱3分鐘左右，加入鹽、粗粒黑胡椒混合均勻。放入乾淨的保存容器中放涼，冷凍保存。

**解凍法●** **P11****以常溫解凍、微波爐解凍、冷藏解凍均可。**

## 紫蘇鹽漬蓮藕

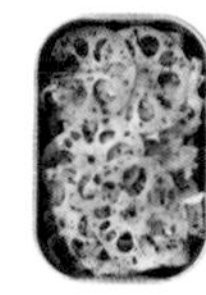

這是有效活用紫蘇鹽的好方法！
拌好之後再混合一次
就會有漂亮的顏色。

冷凍…4週間
冷藏…5日間

—

**材料**（容易操作的份量）

蓮藕……½節

A
- 砂糖……3大匙
- 醋……2大匙
- 紫蘇鹽……2小匙

—

**作法**

1. 蓮藕以切片器切成薄圓片。在煮沸的500ml（份量外）加入1小匙醋（份量外），放入蓮藕汆燙30秒，以冰水稍微洗過，以廚房紙巾確實擦乾水分。
2. 將材料**A**放入缽盆中混合均勻後放入步驟**1**。靜置30秒後再度拌勻，稍微瀝乾湯汁，放入乾淨的保存容器中放涼，冷凍保存。

**解凍法●** **P11****以常溫解凍、微波爐解凍、冷藏解凍均可。**

## 沙拉風味白蘿蔔拌蟹肉棒

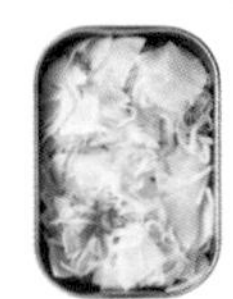

就算是清淡的白蘿蔔，
加了蟹肉棒之後鮮味大增。
檸檬的香氣帶來最好的點綴。

冷凍…4週間
冷藏…5日間

—

**材料**（容易操作的份量）

白蘿蔔……⅛條
鹽……⅓小匙
蟹肉棒……80g

A
- 砂糖……3大匙
- 醋……2大匙
- 橄欖油……1大匙
- 檸檬皮……少許

—

**作法**

1. 白蘿蔔切成¼圓薄片，撒鹽靜置5分鐘左右，白蘿蔔軟化後擰乾水氣，放入剝鬆的蟹肉棒，加入材料**A**中的檸檬皮。
2. 將其餘材料**A**放入缽盆中混合均勻，放入白蘿蔔蟹肉棒，稍微瀝乾水分後，放入乾淨的保存容器中，冷凍保存。

**解凍法●** **P11****以常溫解凍、微波爐解凍、冷藏解凍均可。**

## 咖哩培根炒四季豆

培根的紅色搭配四季豆的綠色
讓顏色非常繽紛。
就算是當作主菜也絕對有份量的一道菜色。

冷凍···4週間
冷藏···3日間

—

**材料**（容易操作的份量）

培根（半片）……8片
四季豆……10根
沙拉油……½小匙

A
咖哩粉……4大匙
西式高湯粉……½小匙
鹽、胡椒……各適量

—

**作法**

1 培根切成2cm寬。四季豆放入滾水中燙至仍保持脆度，取出切掉兩端，再對切一半。
2 鍋中放入沙拉油以中火加入培根片拌炒，炒至培根呈金黃色，加入四季豆與材料**A**，炒至均勻即可。放入乾淨的保存容器中放涼，冷凍保存。
**解凍法● P11以常溫解凍、微波爐解凍、冷藏解凍均可。**

## 柚子胡椒拌高麗菜蓮藕

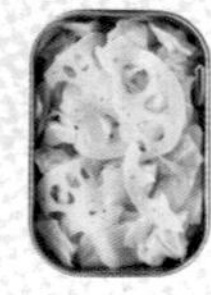

基本的酸甜醋調味，
加上微辣的柚子胡椒，
是一道口感令人愉快的配菜。

冷凍···4週間
冷藏···3日間

—

**材料**（容易操作的份量）

高麗菜……⅙個
蓮藕……⅓節

A
砂糖……3大匙
醋……2大匙
柚子胡椒……1小匙

—

**作法**

1 高麗菜切成一口大小，以500ml熱水汆燙20秒後置於網篩上稍微放涼，擰去多餘水氣。
2 蓮藕以切片器切成薄圓片。在步驟**1**的熱水中加入1小匙醋（份量外）放入蓮藕汆燙30秒，以冰水稍微洗過，以廚房紙巾確實擦乾水分。
3 將材料**A**放入缽盆中混合均勻後放入步驟**1**、**2**拌勻，稍微瀝乾湯汁後放入乾淨的保存容器中放涼，冷凍保存。
**解凍法● P11以常溫解凍、微波爐解凍、冷藏解凍均可。**

## 油漬櫛瓜與甜椒

使用雙色甜椒，看起來就非常繽紛。
新鮮的巴西利會變色，
推薦使用乾燥的巴西利。

冷凍···4週間
冷藏···3日間

—

**材料**（容易操作的份量）

櫛瓜……1條
甜椒（紅・黃）……各½個
橄欖油……3大匙

A
西式高湯粉……½小匙
鹽……¼小匙
粗粒黑胡椒、巴西利……各少許

—

**作法**

1 櫛瓜切成5mm厚圓片。甜椒切成2cm小塊。
2 橄欖油倒入平底鍋中以大火加熱，放入步驟**1**稍微拌炒，加入材料**A**混合均勻。放入乾淨的保存容器中放涼，冷凍保存。
**解凍法● P11以常溫解凍、微波爐解凍、冷藏解凍均可。**

## 柴魚拌青江菜

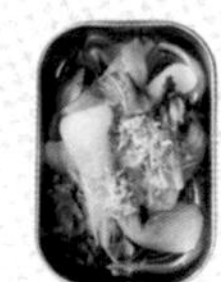

稍微汆燙後確實瀝乾水氣，
就算冷凍之後口感也不會改變。

—

冷凍···4週間
冷藏···5日間

**材料**（容易操作的份量）

青江菜……1把
和風醬油（2倍濃縮）……1大匙
柴魚片……適量

—

**作法**

1 青江菜切除蒂頭後以熱水汆燙30秒後以冰水降溫，確實擰乾水分後切成5cm長。
2 將青江菜與和風醬油混合均勻後，放入乾淨的保存容器中撒上柴魚片後冷凍保存。
**解凍法● P11以常溫解凍、微波爐解凍、冷藏解凍均可。**

TOMORROW
is
Tough
TIMES
BRING
OPPORTUNITY!

## 蜂蜜檸檬煮地瓜蘋果

直接吃也很棒，
我也很喜歡把它當作蛋糕的餡料，
加了蜂蜜帶來溫潤的甜味！

冷凍…4週間
冷藏…3日間

—

**材料**（容易操作的份量）

| |  |  |
|---|---|---|
| | 地瓜 | 1條 |
| | 蘋果 | ½個 |
| A | 砂糖 | 4大匙 |
| A | 蜂蜜 | 2大匙 |
| A | 檸檬汁 | 1小匙 |
| A | 水 | 400ml |
| | 奶油 | 5g |

—

**作法**

1 地瓜帶皮切成一口大小，泡水5分鐘後瀝乾水氣。蘋果去皮切成1cm小丁。

2 將步驟**1**與材料**A**放入鍋中，蓋上以鋁箔紙等做成的落蓋以小火加熱，不時撈除浮沫煮20分鐘左右，熄火後加入奶油稍微拌勻，瀝乾湯汁後放入乾淨的保存容器中放涼，冷凍保存。

**解凍法● P11以常溫解凍、微波爐解凍、冷藏解凍均可**。

## 南瓜咖哩沙拉

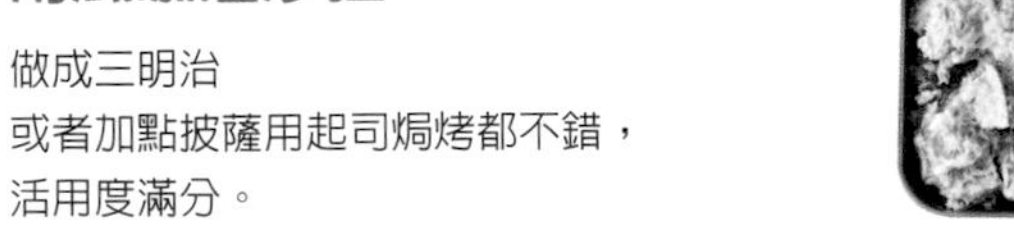

做成三明治
或者加點披薩用起司焗烤都不錯，
活用度滿分。

冷凍…4週間
冷藏…3日間

—

**材料**（容易操作的份量）

| |  |  |
|---|---|---|
| | 南瓜 | ½個（800g） |
| | 鮪魚罐頭（油漬） | 1罐（70g裝） |
| A | 美乃滋 | 3大匙 |
| A | 咖哩粉 | 1小匙 |

—

**作法**

1 南瓜切成一口大小。置於耐熱容器中，放入2大匙水（份量外），蓋上保鮮膜以微波爐（600W）加熱7分鐘，放涼備用。

2 將鮪魚連同湯汁放入缽盆中加入材料**A**混合均勻後放入步驟**1**。放入乾淨的保存容器中放涼，冷凍保存。

**解凍法● P11以常溫解凍、微波爐解凍、冷藏解凍均可**。

## 起司炒玉米粒與綠花椰菜

濃郁帕梅善起司風味
的蔬菜配菜，
而且具有豐富的口感。

冷凍…4週間
冷藏…3日間

—

**材料**（容易操作的份量）

| |  |  |
|---|---|---|
| | 綠花椰菜 | 1個 |
| | 玉米粒（罐頭） | 50g |
| | 沙拉油 | 1大匙 |
| A | 帕梅善起司粉 | 2小匙 |
| A | 西式高湯粉 | 1小匙 |

—

**作法**

1 花椰菜分成小朵，以熱水汆燙3分鐘左右以廚房紙巾確實擦乾水分。

2 將沙拉油倒入平底鍋中以中火加熱，放入瀝乾湯汁的玉米粒與步驟**1**拌炒至沾上油脂，加入材料**A**稍微拌炒均勻。放入乾淨的保存容器中放涼，冷凍保存。

**解凍法● P11以常溫解凍、微波爐解凍、冷藏解凍均可**。

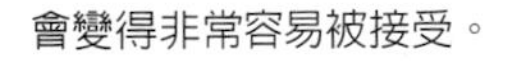

## 胡蘿蔔炒山苦瓜

山苦瓜以較多的油拌炒
可以降低苦味，
會變得非常容易被接受。

冷凍…4週間
冷藏…3日間

—

**材料**（容易操作的份量）

| |  |  |
|---|---|---|
| | 胡蘿蔔 | ½條 |
| | 山苦瓜 | ⅓條 |
| | 鹽 | ½小匙 |
| | 胡麻油 | 2大匙 |
| A | 柴魚片 | 兩撮 |
| A | 醬油 | 2小匙 |
| A | 和風高湯粉 | ½小匙 |

—

**作法**

1 胡蘿蔔切成細絲。

2 將山苦瓜去除種子與囊膜後縱切對半，再切成5mm厚片。撒鹽靜置10分鐘左右確實擰乾水分。

3 將胡麻油放入平底鍋中以中火加熱，放入步驟**1**、**2**炒至軟化，加入材料**A**稍微拌炒均勻。 放入乾淨的保存容器中放涼，冷凍保存。

**解凍法● P11以常溫解凍、微波爐解凍、冷藏解凍均可**。

\ 加熱之後就很美味！ //

# 可以冷凍保存的主菜們

最推薦在人有點不舒服，或者沒有時間的時候使用。
這些是應讀者『生小孩的時候，先生也能直接吃的菜色』要求，
不論是調理或解凍的方法，在經過數度試行之下，自豪的菜色。

## 吾家炸雞

在醃漬料中加點胡麻油是保持多汁的重點。
沾裹上麵衣前確實擦乾水分就可以炸的酥脆。

**材料**（4人份）

| | | |
|---|---|---|
| | 雞腿肉 | 2片 |
| A | 醬油 | 1大匙 |
| A | 胡麻油 | 1小匙 |
| A | 蒜泥（市售軟管） | ½小匙 |
| A | 生薑泥（市售軟管） | ⅓小匙 |
| A | 雞高湯粉 | ⅓小匙 |
| B | 太白粉、低筋麵粉 | 各4大匙 |
| | 炸油 | 適量 |

**作法**

1 雞肉切成一口大小。
2 將步驟**1**與材料**A**放入塑膠袋中充分揉勻，靜置30分鐘左右。
3 取另1個塑膠袋放入材料**B**混合均勻，將步驟**2**以廚房紙巾擦乾湯汁放入袋中，晃動塑膠袋使其沾上麵衣。
4 將沙拉油倒入鍋中，油量約5cm高，加熱至170℃，放入步驟**3**，炸至顏色金黃約5分鐘左右。起鍋瀝乾油份。
5 冷卻後放入密封保存袋中，注意不要重疊，擠出空氣後冷凍保存。
6 享用時取所需份量以鋁箔紙鬆鬆捲起，以小烤箱（1000W）加熱10分鐘左右。

## 多汁炸肉餅

就算冷了也不會乾柴又甜又鹹的炸肉餅，
做成小尺寸也很適合帶便當，
以小烤箱烤就可以烤出酥脆口感。

**材料**（4人份・8個）

| | | |
|---|---|---|
| | 豬牛混合絞肉 | 50g |
| | 洋蔥 | 1個 |
| | 馬鈴薯 | 6個（600g） |
| | 沙拉油 | 1大匙 |
| | 炸油 | 適量 |
| A | 砂糖 | 3大匙 |
| A | 醬油 | 2大匙 |
| B | 低筋麵粉 | 4大匙 |
| B | 蛋液 | 1個份 |
| B | 麵包粉（細的） | 適量 |

**作法**

1 洋蔥切末。馬鈴薯切成一口大小置於耐熱容器中，蓋上保鮮膜以微波爐（600W）加熱8分鐘。趁熱以叉子搗成泥。
2 將沙拉油倒入平底鍋中以中火加熱，放入絞肉炒至變色後加熱洋蔥，炒至洋蔥變成透明後加入材料**A**拌炒1分鐘左右。起鍋後與步驟**1**混合均勻放涼備用。
3 將步驟**2**等分成8等分做成1.5cm厚的橢圓形，依序沾上材料**B**。
4 將沙拉油倒入鍋中，油量約8cm高，加熱至180℃，放入步驟**3**，炸至顏色金黃。
5 冷卻後放入密封保存袋中，注意不要重疊，擠出空氣後冷凍保存。
6 享用時取所需份量以鋁箔紙鬆鬆捲起，以小烤箱（1000W）加熱15分鐘左右。

**POINT**
炸肉餅以圖片的方式，鋁箔紙兩頭不密封，以小烤箱加熱就會酥脆。

## 燉煮漢堡排

極品醬汁！是我家大受歡迎的菜色，
一個人也可以輕鬆的吃下2個！(笑)

**材料**（4人份・4個）

- 豬牛混合絞肉……300g
- 洋蔥……1又½個
- 鴻禧菇……½包
- 沙拉油……1大匙
- 奶油……10g
- A
  - 麵包粉……4大匙
  - 雞蛋……1個
  - 太白粉、美乃滋……各1大匙
  - 西式高湯粉⅓小匙
  - 肉豆蔻、胡椒……各少許
- B
  - 水……250ml
  - 番茄醬……4大匙
  - 中濃豬排醬·2大匙
  - 月桂葉……1片
- 牛奶……50ml
- 喜歡的蔬菜、奶球、巴西利（切末）……各適量

**作法**

1. 洋蔥1個切末，½個切成細絲。鴻禧菇切除底部後剝成小朵。
2. 將沙拉油置於平底鍋中，以中火加熱，放入洋蔥末拌炒3分鐘左右起鍋放涼備用。
3. 將絞肉放入缽盆中揉至顏色變淺，加入步驟**2**與材料**A**充分混合後，分成4等分整形成橢圓型。
4. 將步驟**2**使用的平底鍋稍微擦乾淨後放入奶油以中火加熱，奶油融化後將步驟**3**整齊排放於鍋中。煎至雙面上色。放入材料**B**與步驟**1**的洋蔥絲、鴻禧菇以小火煮10分鐘左右，取出月桂葉加入牛奶煮1分鐘左右。
5. 冷卻後連同湯汁放入密封保存袋中，注意不要重疊，擠出空氣密封冷凍保存。
6. 享用時以1個為單位置於耐熱容器中蓋上保鮮膜，以微波（600W）加熱4分鐘左右。裝盤後佐以喜歡的蔬菜，淋上奶球與巴西利享用。

## 蔥多多雞肉丸子

軟嫩的雞肉丸子佐以加了大蒜鹹中帶甜的醬汁，
依照喜好佐以蛋黃享用風味更溫和。
不論是帶便當或者下酒菜，就算是做成丼飯都很適合。

**材料**（2人份・8個）

- 雞腿絞肉……200g
- 沙拉油……1小匙
- 大蔥……1根
- A
  - 太白粉……1大匙
  - 胡麻油……2小匙
  - 鹽……¼小匙
  - 生薑泥（市售軟管）……少許
- B
  - 醬油……2大匙
  - 砂糖……1大匙
  - 味醂……1大匙
  - 蒜泥（市售軟管）……½小匙
- 炒過的白芝麻……適量
- 喜歡的蔬菜……適量
- 蛋黃（依照喜好）……2個份

**作法**

1. 大蔥切末。
2. 將絞肉放入缽盆中揉至顏色變淺，加入步驟**1**與材料**A**充分混合均勻。
3. 步驟**2**分成8等分，整形成4cm直徑的扁圓型。
4. 將沙拉油倒入平底鍋中放入步驟**3**雙面各煎3分鐘左右。加入混合好的材料**B**，加熱至顏色產生光澤後起鍋。
5. 冷卻後放入密封保存袋中，注意不要重疊，擠出空氣密封冷凍保存。
6. 享用時以4個為單位，置於耐熱容器中蓋上保鮮膜，以微波（600W）加熱1分30秒左右。裝盤後佐以喜歡的蔬菜，撒上炒過的白芝麻與依照喜好搭配蛋黃享用。

## 糖醋芝麻豬肉丸子

以肉片做成肉丸子，就算冷凍之後肉質也很柔軟。
甜椒與青椒加熱至保留硬度，
以微波加熱就會是恰到好處的軟度。

**材料**（2人份）

甜椒（紅）…… ½個
青椒…… 2個
A 豬肉片…… 300g
A 太白粉…… 2大匙
A 胡麻油…… 1小匙
A 生薑泥（市售軟管）…… 少許
雞高湯粉…… 少許
沙拉油…… 適量
B 砂糖…… 3大匙
B 醋…… 3大匙
B 醬油…… 2大匙
B 太白粉…… 2小匙
B 水…… 150ml

**作法**

1. 將甜椒、青椒切成2cm大塊狀。
2. 將材料**A**放入缽盆中充分混合均勻後分成12等分。
3. 將沙拉油倒入平底鍋中油量為1cm高，以中火加熱，放入步驟**1**將蔬菜過油後撈起。放入步驟**2**轉小火，不時翻動炸6分鐘左右。
4. 倒除步驟**3**鍋中多餘的油後放入材料**B**以中火加熱攪拌至湯汁濃稠。將步驟**3**放回鍋中，讓所有材料與湯汁混合均勻。
5. 冷卻後以1人份為單位放入密封保存袋中，擠出空氣平放後密封冷凍保存。享用時以1人份為單位置於耐熱容器中蓋上保鮮膜，以微波（600W）加熱5分30秒。

## 蟹味微波燒賣

微波加熱後以包著保鮮膜的狀態靜置2分鐘，就可以做出濕潤的口感。
不需要使用蒸籠非常簡單。

**材料**（2～3人份‧16個）

豬絞肉…… 200g
蟹肉棒…… 80g
大蔥…… ½根（50g）
洋蔥…… ½個（50g）
A 太白粉…… 3大匙
A 胡麻油…… 1大匙
A 醬油…… 1小匙
A 雞高湯粉…… ⅓小匙
餛飩皮…… 16片
豌豆（水煮熟的）…… 16粒（8g）
B 醋、醬油…… 各1大匙
B 黃芥末…… 適量
喜歡的蔬菜…… 適量

**作法**

1. 大蔥、洋蔥切末。蟹肉棒剝鬆備用。
2. 將絞肉放入缽盆中揉至顏色變淺產生黏性後加入步驟**1**與材料**A**充分混合均勻。
3. 以餛飩皮包住分成16等分的步驟**2**，中間擺上1顆豌豆壓入肉餡中。
4. 將烘焙紙鋪在耐熱容器上，將步驟**3**以一排8個保持距離放好。撒上2小匙的水（份量外）鬆鬆的覆蓋上保鮮膜，以微波（600W）加熱2分40秒左右後直接靜置2分鐘。
5. 冷卻後以2個為1組用保鮮膜貼合包妥放入保存容器中冷凍。
6. 享用時以4個為單位置於耐熱容器中，加入1小匙水（份量外）蓋上保鮮膜，以微波（600W）加熱2分鐘左右。佐以喜歡的蔬菜，依照喜好搭配材料**B**享用。

# CHAPTER 4

## 一次做好隨時都可使用

# 蔬菜・醬汁的冷凍庫存

當季蔬菜低價時大量購入，
有空的時候，
食材一次整理起來煮好，
做成冷凍常備庫存。
只要稍微處理就可以做成配菜，
孩子們的午餐非常方便。

冷凍保存參考期間……**4**週

VEGETABLE / SAUCE / OTHER STOCK

冷凍保存期間
4週間

## 薯泥

只要將馬鈴薯煮熟搗成泥，
就能輕鬆準備變化出各種料理。

**材料**（密封保存袋(中)1袋份）

馬鈴薯……6個(600g)

**作法**

1 馬鈴薯去皮切成一口大小，浸泡在水中2分鐘左右，瀝乾水分。
2 將馬鈴薯置於耐熱容器中，加入2大匙水蓋上保鮮膜，以微波(600W)加熱8分鐘左右。以叉子等搗成泥後放涼。放入密封保存袋中擠出袋中空氣後，攤平冷凍保存。

ARRANGE_1

## 馬鈴薯沙拉

只要有薯泥庫存，想要做出像是百貨公司食品街裡販賣的馬鈴薯沙拉一般滑順口感也全不費力。蔬菜也可以使用P14～15中的綜合蔬菜。

—

**材料**（2～3人份）

薯泥……½量
小黃瓜……½條
鹽……少許
胡蘿蔔……⅓條
火腿……4片
水煮蛋……2個
A 美乃滋……4大匙
A 砂糖……½小匙
A 鹽、胡椒……各少許

—

**作法**

1 解凍薯泥。小黃瓜切薄片撒上鹽靜置軟化。擰乾水氣。胡蘿蔔切成¼圓片以熱水燙軟之後置於網篩上放涼備用。火腿切成1cm小丁，水煮蛋切成粗末。
2 將步驟**1**放於缽盆中加入材料**A**混合均勻。

ARRANGE_2

## 起司可樂餅

熱騰騰、又鬆又軟剛做好的可樂餅。
起司帶來淡淡的鹽味，
是溫柔的滋味。

—

**材料**（小8個）

薯泥 ⋯⋯ ⅔量
洋蔥 ⋯⋯ ½個
沙拉油 ⋯⋯ 2小匙
披薩用起司 ⋯⋯ 50g
胡椒 ⋯⋯ 少許
低筋麵粉 ⋯⋯ 4大匙
蛋液 ⋯⋯ 1個份
麵包粉、炸油 ⋯⋯ 各適量
香葉芹、番茄醬（依照喜好）⋯⋯ 各適量

—

**作法**

1. 解凍薯泥，洋蔥切末。
2. 將沙拉油倒入平底鍋中以中火加熱，放入洋蔥炒至軟化。
3. 將薯泥、步驟**2**、披薩用起司、胡椒放入缽盆中混合，分成8等分做成扁圓型。依序沾裹上低筋麵粉、蛋液、麵包粉做成麵衣。
4. 將沙拉油倒入鍋中，油量約8cm高，加熱至180℃，放入步驟**3**，油炸3分鐘左右。盛盤佐以香葉芹依照喜好搭配番茄醬享用。

ARRANGE_3

## 馬鈴薯麻吉

奶油玉米醬油風味，
加了太白粉之後，薯泥會產生麻糬的口感，
冷掉之後再加熱一樣軟Q軟Q。

—

**材料**（6個）

薯泥 ⋯⋯ ½量
**A** 玉米粒（罐頭、瀝乾湯汁）⋯⋯ 50g
**A** 日本太白粉（片栗粉）⋯⋯ 3大匙
奶油 ⋯⋯ 10g
**B** 砂糖 ⋯⋯ 1又½大匙
**B** 醬油、味醂 ⋯⋯ 各1大匙
香葉芹 ⋯⋯ 適量

—

**作法**

1. 解凍薯泥後放入缽盆中，加入材料**A**混合均勻。分成6等分、整形成2cm直徑的圓柱狀。
2. 將奶油放入平底鍋中以中火融化後放入步驟**1**雙面各煎3分鐘左右，放入調勻的材料**B**，混合均勻。以容器裝盛以香葉芹裝飾。

## 南瓜泥

不僅可使用在沙拉或者濃湯中，營養更是豐富。
南瓜一次購入1整個，半個用來做冷凍庫存。

**材料**（密封保存袋(中)1袋份）

南瓜……………………………… ½個(800g)

**作法**

1. 南瓜去皮切成一口大小。
2. 將南瓜置於耐熱容器中，加入2大匙水蓋上保鮮膜，以微波(600W)加熱7分鐘左右。以叉子等搗成泥後放涼。放入密封保存袋中擠出袋中空氣後，攤平冷凍保存。

**ARRANGE**

## 南瓜培根奶油筆管麵

培根的鹹味加上南瓜的甜讓風味更濃郁。
用較粗的義大利麵做也很美味。

—

**材料**（2人份）

南瓜泥……………………………… ¼量
培根(厚切)………………………… 50g
洋蔥………………………………… ¼個
筆管麵……………………………… 100g
奶油………………………………… 10g
A　牛奶…………………………… 400ml
A　西式高湯粉…………………… ½小匙
A　鹽、胡椒……………………… 各少許
香葉芹……………………………… 適量

—

**作法**

1. 培根切細絲、洋蔥切絲，筆管麵依照包裝指示燙熟。
2. 將奶油、培根放入平底鍋中，以中火加熱拌炒5分鐘左右。放入洋蔥炒至洋蔥軟化後，放入材料**A**與冷凍的南瓜泥以小火加熱。南瓜泥融化後，將筆管麵瀝乾水分放入鍋中拌炒均勻。以容器裝盛佐以香葉芹。

## 山藥泥

保鮮期限短的山藥，磨成泥之後冷凍就沒問題！
一次做起來放，非常方便。

**材料**（密封保存袋(中)1袋份）

山藥……………………………………½條

**作法**

山藥去皮後磨成泥放入密封保存袋中擠出袋中空氣後，攤平冷凍保存。

ARRANGE_1

### 鬆軟烤山藥泥

又Q又鬆軟不可思議的口感最棒了！
吃不膩的高雅味道，在我們家也非常受歡迎，
很推薦加上大量的海苔絲享用。

—

**材料**（直徑8.5×高5cm的烤盅2個）

山藥泥………………………………½量
A 雞蛋……………………………2個
A 和風醬油(2倍濃縮)……………2大匙
和風醬油(2倍濃縮)………………2小匙
青蔥(切末) 海苔絲………………各適量

—

**作法**

1 解凍山藥泥。
2 將步驟**1**與材料**A**放入缽盆中充分混合均勻，等分放入小烤盅中，蓋上鋁箔紙以小烤箱(1000W)烤8分鐘左右。
3 在步驟**2**上等分的淋上和風醬油與海苔絲、青蔥末。

ARRANGE_2

### 大蔥秋葵佐納豆拌山藥泥

將帶有黏性的食材混合在一起
淋在白飯上面最好吃了！
這是重口味我們家的健康保健配菜。

—

**材料**（直徑8.5×高5cm的烤盅2個）

山藥泥………………………………½量
秋葵…………………………………5條
納豆…………………………………1包
和風醬油(2倍濃縮)………………3大匙
黃芥末(依照喜好)…………………少許

—

**作法**

1 解凍山藥泥。
2 將少許鹽(份量外) 加入熱水中，放入秋葵稍微汆燙，瀝乾水分後切小丁。
3 將所有材料放入缽盆中混合均勻。

POINT
料理前
將洋蔥先冷凍
可以縮短拌炒的時間！

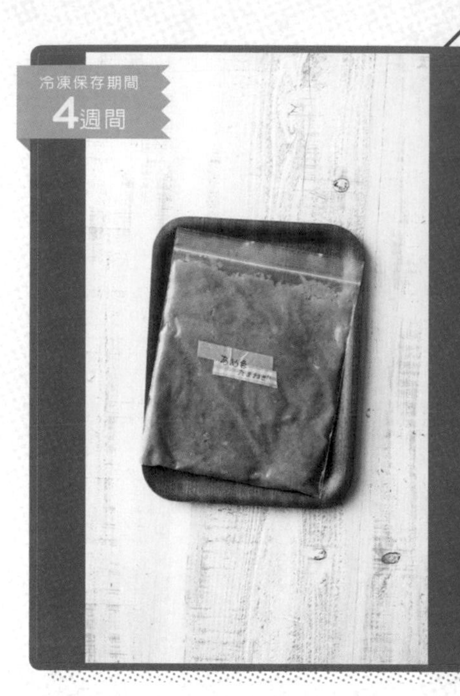

冷凍保存期間
4週間

## 焦糖洋蔥

雖然製作起來有點費時，
但是如果做起來成為常備庫存，
不論是道地的咖哩或法式多蜜醬，都可以快速做好。

**材料**（密封保存袋(中)1袋份）

洋蔥……………………………………3個(600g)
沙拉油……………………………………2大匙

**作法**

1 洋蔥切絲(＊如果切好之後先冷凍，可以縮短步驟**2**拌炒的時間)。
2 將沙拉油倒入平底鍋中以大火加熱，放入洋蔥(使用冷凍洋蔥的話可直接放入）炒至軟化後轉小火繼續拌炒30分鐘左右至顏色成焦糖色，攤放至調理盤上放涼。放入密封保存袋中擠出袋中空氣後，攤平冷凍保存。

ARRANGE

## 焗烤洋蔥湯

僅是加了西式高湯粉就會有餐廳的味道，
有深度的甜味就像洋食餐廳的滋味。

—

**材料**（180ml耐熱烤盅・2個份）

焦糖洋蔥……………………………… 1/8量
西式高湯粉 ……………………………2小匙
熱水……………………………………300ml
法國麵包……………………… 1cm厚2片
披薩用起司 …………………………… 20g
巴西利(切末)………………………… 適量

—

**作法**

1 解凍焦糖洋蔥。
2 將半量步驟**1**、西式高湯粉、熱水放入1個烤盅中混合均勻。放上1片法國麵包、半量的披薩用起司。
3 以小烤箱(1000W) 烤10分鐘左右，撒上巴西利。

冷凍保存期間
4週間

## 白醬

少量多次加入常溫牛奶，
是不結塊的秘訣。

**材料**（密封保存袋（中）1袋份）

牛奶……800ml
奶油……30g
低筋麵粉……3大匙
A 西式高湯粉、鹽……各¼小匙
A 胡椒……少許

**作法**

1 牛奶置於常溫下回溫。
2 將奶油放入平底鍋中以中火融化後，加入麵粉拌炒至粉類材料消失。將牛奶分5次加入，每次加入牛奶時都請以攪拌器攪拌至滑順，最後加入材料**A**混合均勻。
3 將步驟**2**置於調理盤上，將保鮮膜貼合白醬蓋上放涼。等分成2份放入密封保存袋中擠出袋中空氣後，攤平冷凍保存。

ARRANGE

## 焗烤鮮蝦通心粉

只要有準備好的白醬，
焗烤類的菜色就會變成省時料理！
這是老公非常喜歡的一道菜。

**材料**（400ml容量焗烤器皿・2個份）

白醬……1袋份
通心粉……50g
洋蔥……½個
奶油……10g
蝦仁……大12尾
水……2大匙
披薩用起司……50g
巴西利（切末）・適量

**作法**

1 通心粉依照包裝指示燙熟。洋蔥切絲。
2 奶油放入平底鍋中以中火加熱融化，放入洋蔥炒軟，放入蝦仁以大火炒至蝦仁變色。
3 放入冷凍白醬與份量中的水，以小火一邊攪拌一邊加熱至白醬融化，通心粉瀝乾水分放入混合均勻。
4 將步驟**3**等分放入烤盅中，撒上披薩用起司，以小烤箱（1000W）烤15分鐘左右。最後撒上巴西利。

冷凍保存期間
4週間

## 肉醬

我家的常備醬之一，除了搭配義大利麵條以外，
以派皮包好，也可以變成肉醬派。

**材料**（密封保存袋(中)2袋份）

豬牛混合絞肉 . 300g
洋蔥………… 1個
胡蘿蔔……… 1條
大蒜………… 2瓣
橄欖油……. 2大匙

A
番茄罐頭(切碎的)
……. 1罐(400g裝)
番茄醬………. 2大匙
西式高湯粉 1又½小匙
月桂葉………… 2片
肉豆蔻、鹽、胡椒
…………… 各少許
水……………. 50ml

**作法**

1 洋蔥、大蒜、胡蘿蔔切末。
2 將橄欖油、大蒜放入平底鍋中以小火加熱，炒至香味逸出後加入絞肉拌炒。絞肉的油脂變成透明後放入洋蔥、胡蘿蔔拌炒至軟化。
3 加入材料**A**不時從鍋底往上翻攪混合，以小火加熱20分鐘，取出月桂葉。
4 將步驟**3**移至調理盤上放涼，等分成2份放入密封保存袋中擠出袋中空氣後，攤平冷凍保存。

**ARRANGE**

## 厚片吐司披薩

以肉醬取代披薩醬，份量大增。
給孩子們的還會加上熱狗與起司變成超大份量！

—

**材料**（2人份）

肉醬……………………………… ¼袋
熱狗……………………………… 3條
青椒……………………………… 1個
洋蔥……………………………… ⅛個
吐司(半條切4片)……………… 2片
披薩用起司……………………… 40g
乾燥巴西利……………………… 少許

—

**作法**

1 解凍肉醬。熱狗切成5m斜片。青椒切成薄圈狀，洋蔥切絲。
2 將肉醬等分塗抹在吐司上，依序等分放上洋蔥、青椒、熱狗、披薩用起司。以小烤箱(1000W)烤5分鐘左右，撒上巴西利。

## 明太子奶油

也可以使用鱈魚卵取代明太子，
塗抹在吐司上烤過就很美味。

**材料**（密封保存袋(中)1袋份）

明太子 …… 3條(300g)
奶油 …… 100g

**作法**

將明太子自膜囊中刮出。奶油置於常溫軟化。將明太子與奶油充分混合均勻後，放入密封保存袋中擠出袋中空氣後，攤平冷凍保存。

ARRANGE_1

### 明太子奶油義大利麵

讓剛煮好的義大利麵融化奶油，
所以就算是冷凍的狀態也無妨。
佐以青紫蘇也非常美味

—

**材料**（2人份）

明太子奶油 …… 80g
醬油 …… 1小匙
義大利麵 …… 200g
海苔絲 …… 適量

—

**作法**

1 將切成1cm小塊的冷凍明太子奶油與醬油放入缽盆中。
2 義大利麵依照包裝指示燙熟，趁熱放入步驟**1**中攪拌均勻。盛盤佐以海苔絲。

ARRANGE_2

### 鱈寶烤明太子奶油

鬆軟的鱈寶加上濃郁微辣的明太子奶油，
一口吃進一整個，滿滿的濃郁鮮味。

—

**材料**（2人份）

明太子奶油 …… 30g
鱈寶 …… 大1片
海苔絲、三葉菜 …… 各適量

—

**作法**

1 鱈寶切成6等份。
2 將冷凍的明太子奶油等分放在鱈寶上面，以小烤箱(1000W)烤5分鐘左右，撒上海苔絲與三葉菜。

**松本有美(YU媽媽)**

1978年兵庫縣出生，現居兵庫縣。與丈夫、長男(14歲)、次男(10歲)三男(4歲)3人與雙親共計7人一同生活。曾擔任咖啡店店員與麵包店店長後結婚。2013年起開始經營「YU媽媽在家的咖啡廳料理」部落格。單月點擊數突破240萬。目前以雜誌，網站為活動中心。常以『常備菜教主』身份參加電視節目。著有『日本常備菜教主－無敵美味的簡單節約常備菜140道』(出版菊文化)、『YU媽媽輕鬆美味！快速料理』(扶桑社)、『2個鐘頭準備3日份料理』(KADOKAWA)等著作。

Y CAFE

*Joy Cooking*

日本常備菜教主－無敵美味的省時冷凍常備菜169道

作者　松本有美

翻譯　許孟菡

出版者 / 出版菊文化事業有限公司　P.C. Publishing Co.

發行人　趙天德

總編輯　車東蔚

文案編輯　編輯部　美術編輯　R.C. Work Shop

台北市雨聲街77號1樓

TEL：(02)2838-7996　FAX：(02)2836-0028

法律顧問　劉陽明律師 名陽法律事務所

初版日期　2018年6月

定價　新台幣 320元

ISBN-13：9789866210600　書　號　J129

讀者專線　(02)2836-0069

www.ecook.com.tw

E-mail　service@ecook.com.tw

劃撥帳號　19260956 大境文化事業有限公司



日本常備菜教主－無敵美味的省時冷凍常備菜169道

松本有美 著 初版. 臺北市：出版菊文化，

2018 96面；19×26公分. ----(Joy Cooking系列；129)

ISBN-13：9789866210600

1.食物冷藏　2.食品保存　3.食譜

427.74　107008159